自然科学総合実験

九州大学基幹教育院 編

学術図書出版社

はじめに

自然科学とは、自然現象に潜む法則性を、経験や実証をもとに論理的・体系的に明らかにしていく学問である。自然科学総合実験では、物理学、化学、生物科学の様々な実験・観察を通じて、自然科学という幅広い学問に親しみ、理解を深めていくことを目的としている。ここでは、今後皆さんが自然科学総合実験を学ぶにあたって重要となる「自然科学総合実験の目的」と「科学的探究のプロセス」について述べる。

「自然科学総合実験の目的」

初年次教育における自然科学総合実験の目的は、大きく3つある。

I. **観察・実験を通して自然科学、自然界の法則を深く理解する。**多くの自然科学の発展は、観察・実験による探究と理論による探究の相互作用によってなされてきたと言ってよい。自然科学に対する理解は、参考書を使った原理・理論の学習からなされるだけでなく、観察・実験を実際に経験することで、より深くなされる。本授業の実験は、未知の自然の原理の探究でなく、多くの先人たちが苦労して培ってきた実験・研究結果の追体験であるが、科学的探求の思いを持ち、自然界にある基本法則を深く理解して欲しい。

II. **実験機器の基本的操作・測定原理を学ぶ。**受講する皆さんが将来、研究室に配属されると、様々な測定原理に基づく多様な測定方法を実際の実験装置を使って行うことになる。その準備として、自然科学総合実験では、測定の原理及び、実験装置や測定器の基本的操作を学ぶ。また、実験には時として危険が伴う。基本的操作をしっかりと理解することは、何よりも実験における危険を避ける上で極めて重要であることも心得て欲しい。

III. **実験ノートと報告書（レポート）の書き方を修得する。**研究においては、実際に行った観察・実験の正確な記録としての実験ノートがあってこそ、研究結果を報告書（レポートまたは科学論文）にまとめることができる。実験ノートの取り方は特に重要であり、実験条件と測定データを正確に記録することが第一である。また、適宜データ整理を行い、解析や考察も併せて書き込むと良い。自然科学総合実験を受講する中で、こうした実験ノートの取り方を修得してほしい。実験時だけでなく、レポート作成時においても、**客観的根拠に基づく科学的考察を大事にすること。先入観や根拠のない憶測は禁物であり、望みにあわせるようなデータの改ざんは絶対にしてはならない。**

上記の内容は、各分野の章に具体的に記されているので、確認して欲しい。

「科学的探求のプロセス」

研究室に配属されれば、多くの皆さんが、まだ誰も答えの知らない、または予測はされているけど確認されていない未知の事象などに取り組むことになる。自然科学の発展は、観察・実験と原理・理論の探求の両輪でなされてきたと上述したが、探求の過程の多くは、**「科学的思考法」**に基づき**「科学的探求のプロセス」**と呼ばれる一連の過程を通じてなされてきたと言って良い。

1. まずは、解明したい**「疑問」**や**「問題意識」**がある。
2. その疑問や問題意識を解決するために**「仮説」**を立てたり、**「観察・実験方法の検討」**を行ったりと見通しを持つ必要がある。ここで言う実験には、手を動かす実際の実験だけでなく、思考実験も含まれる。
3. その仮説や実験方法に沿って**「実験」**や**「観察」**を行う。こうして、実験によりデータが得られ、解析したりすることにより、**「結果」**が導かれる。
4. 得られた結果に対して、どの程度確かなものであるか実験を振り返る、既知の事実との整合性を調べる、当初立てた**「仮説」**をどの程度支持するものなのか、と言った**「考察」**が必要となる。うまくいかなかった場合は、どこに原因があったのかを検討する必要があり、2に戻り、仮説を立て直したり、新たな実験方法の検討を行ったりすることになる。**「仮説」**が実証されたのであれば、そこから法則性を見出すことができるであろう。

より簡略化して述べると、科学に共通するアプローチは、次の過程の繰り返しになる。

問題意識、疑問、明らかにしたこと（なぜ、どうして）
→ **仮説や実験・観察方法の検討**（どうすればわかるだろうか）
実験・観察等（実際にやってみよう）
考察、振り返り（結果はどうであったか）

これらの過程は、一度きりのものとして完結するのではなく、新たな結果が新たな疑問や新たな改善を生むことにもなる。そして、螺旋階段を登るように繰り返される探求のプロセスを通じて、自然界の真理に近づいていくものとなるであろう。

自然科学総合実験で実際に行うことは既知の実験内容であったとしても、皆さんには、実験の作業や結果の解釈が妥当であるかということのみではなく、科学的探究のプロセスを意識し未知の事象に取り組む姿勢をもって学修を進めることを期待する。

最後に、本実験を通じて多様な自然科学に親しみ、皆さんが日々の学習する内容がどのように解明されてきたのかを意識してほしい。教科書の内容を一歩踏み込んで捉えることで、学習に取り組む姿勢が更に向上することを期待する。そして、自然科学総合実験での学びを、皆さんの将来の研究における実験の基礎としてもらいたい。

実験室での事故防止について

実験室では事故防止に努め、安全に実験を行うことが基本である。各実験種目は安全に十分配慮されており危険性は低いが、事故を防ぐためには「自分の安全は自分で守る」という意識が重要になる。そのために次の様な点に、細心の注意を払う必要がある。

【実験を行う前に注意すべきこと】

・実験テキストをよく読んで予習し、手順や動作を理解して実験に臨むことによって、試薬や機器の誤った取り扱いや操作を未然に防ぐこと。
・実験器具などが足元に落ちることがあるため、下駄やサンダルを履かないこと。
・袖や裾が広がっていないなど、作業の邪魔にならない服装を心がけること。また、腕、足の露出をできるだけ少なくしておくこと。
・鞄や衣類などの持ち物は、実験机上に置かず、机の下や作業の邪魔にならないところに置くように心がけること。

【実験中に注意すべきこと】

・実験机上は常に整理し、無用な物品や薬品、機器が散在しないようにすること。
・化学薬品を用いる実験、生体試料などを扱う実験では白衣を着用すること。ただし、白衣を着用したまま実験室外へ出ないこと。
・実験装置には回路が露出している部分もあるので、感電に十分に注意すること。感電によるショック動作によって二次的な怪我や事故につながることが多いので注意すること。
・高電圧や強磁場、高温・低温、レーザー光線（または強い光）などの取り扱いには十分に注意すること。
・実験装置や器具を大切に扱うこと。注意書きをよく読まずに触る、などの不注意な取扱いによって装置を破損しないようにすること。
・実験室での飲食は、薬品や実験試料の誤飲、および、飲食物による実験機器の損傷を招くので厳禁とする。
・試薬等の廃棄は決められた方法に従うこと。誤った方法で廃棄した場合は、直ちに担当教員に申し出ること。
・使用した実験機器は決められた場所に、決められた方法で返却すること。
・実験機器等に不具合を発見した場合はそのまま放置せず、次に機器等を扱う実験者の事故防止のために、担当教員に不具合の状況を申し出ること。
・実験中に事故が発生した場合は、**裏表紙**に掲載している緊急連絡体制に従って速やかに連絡を取ること。

【実験後に注意すべきこと】

・ 試薬や試料、機器の片づけを入念に行う。
・ 実験中に気付かなかった怪我や、薬品による肌や衣服の損傷が無いことを確認する。

目　次

目　次

目　次

§１．生物科学実験の概要

§２．顕微鏡観察

§３．DNA 実験

§４．参考資料

I

自然科学総合実験

物理学編

$$\int_S \boldsymbol{D} \cdot d\boldsymbol{S} = \int_V \rho \, dV$$

$$\oint_C \boldsymbol{E} \cdot d\boldsymbol{s} = -\int_S \frac{\partial \boldsymbol{B}}{\partial t} \cdot d\boldsymbol{S}$$

$$\int_S \boldsymbol{B} \cdot d\boldsymbol{S} = 0$$

$$\oint_C \boldsymbol{H} \cdot d\boldsymbol{s} = \int_S \left(\boldsymbol{i} + \frac{\partial \boldsymbol{D}}{\partial t} \right) \cdot d\boldsymbol{S}$$

§1．物理学実験の概要

1-1　物理学実験の目的

自然界の簡単な現象を通じて物理法則の基本を学ぶとともに、実験を通じて、用いる装置の基本的操作、報告書の作成法などについて学ぶことを目的とする。またこれらの基礎的物理現象を考察するとともに、それらが実社会で利用されている例についても学ぶ。

1-2　履修の心得

ここで行う実験では基本的な機器の操作、実験を行う態度およびデータ処理について学び、将来の研究実験の基礎を培う。その際、測定結果が「ある値になるはず」ということにとらわれて、測定や計算などに手を加えることがないよう、すなわち自然現象に忠実であるように心がけなければならない。

装置の精度が十分で、実験の方法や計算に過失がなければ、およそ妥当な結果が出てくるはずである。もし結果が良くない場合は、なぜそのような結果になったのか、その原因を検討することが大切である。そのためにも実験中の出来事については詳細にノートに記録しておくのが良い。

実験を行うにあたっては、あらかじめ巻頭の「実験室での事故防止について」をよく読み、実験内容を予習して理解した上で、事故を起こさないよう細心の注意を払って臨むこと。

1-3　物理学実験のテーマ、実験の形態について

(1) 実験テーマについて

重力と地球　―振子の周期による重力加速度の測定―
電流の磁気作用　―直線電流と円形電流の作る磁束密度の測定―

(2) 実験の形態について

1. 実験は原則として2人1組で行う。
2. 同じ実験日に同じテーマで実験するグループの人数は30名程度である。
3. 欠席等で共同実験者のいない者は、担当教員の指示にしたがうこと。

1-4　物理学実験の受講にあたっての注意

(1) 事前に実験テキストを熟読し、実験内容を予習してくること。
(2) 器具の借用および返却の時は必ず点検し、破損・紛失の有無を確かめる。
(3) 装置に不備があるときはただちに担当教員またはTAに申し出る。
(4) 各自必ず記録専用の実験ノートを準備すること。ルーズリーフなど他の用紙を用いないこと。グラフ作成に必要なグラフ用紙はこの実験書最後のほうに付属している。
(5) 実験室内は飲食厳禁である。
(6) 実験後、各自データを記録した実験ノートを担当教員に見てもらい、点検を受ける。勝手に退室した者は欠席とみなされることがある。
(7) 退出に際し、身の回り（器具・机の上・椅子など）を整理整頓する。

1-5　レポートの作成について

(1) 実験で言うレポートとは、実験した当日にデータを書きこんだ実験ノートを参考に、数日間の期間（基本的には 1 週間）内で、新たに書く課題のことを言う。
物理学実験のレポートは手書き、または指示された方法で作成すること。手書きの際は、規定のレポート用紙を使用するのがよい。もしくは、A4 の用紙であればよい。但し、両面書きはせず、片面のみに記入すること。ルーズリーフの用紙は不適当である。
内容については必要な点を押さえ、できるだけ整理し、見やすいように清書する。
自己を表現するものであるから、他人の文章や実験書の丸写しをやってはいけない。

(2) レポートをまとめる際には、何がどこに書いてあるかを明確にするために項目分けをするのが適当であろう。必要な項目は以下のようなものが考えられる。

1. 必要事項：氏名、学部（学科、専攻）、学生番号、実施年月日、曜日、（実験題目）、共同実験者名

2. 目的、原理など：必要最小限の事項を選択して簡潔にまとめること。

3. 方法および装置：実際に用いた装置、実験操作を分かりやすく述べること。装置等は、簡潔な図で示すこと。

4. データ：実験から得られた生の数値を記す。表にするのがよい。単位と物理量の名前を添えること。グラフ作成の指示があった場合には、グラフを描いた用紙、またはその他の方法で作成したグラフもレポートに含める。

5. 計算および誤差計算：要点を簡潔に記す。すべての計算式を並べる必要はない。

6. 結果：得られた結果をまとめる。例えば§3 の重力と地球（—振子の周期による重力加速度の測定—）では次のようにはっきりと書く。

重力の加速度　$g = 9.7853 \pm 0.0045\ \mathrm{m/s^2}$

7. 考察：得た結果が妥当（正常）かどうか、理科年表や適切な文献で調べた値と比較検討し、データの信頼性や誤差の評価を行った上で予想通りの結果が得られたかを定量的に議論すること。データに異常を見いだしたときはその原因を追求し、あて推量でなく根拠のある考察をする。定量的に評価可能な原因であれば、関連する値を適切な文献で調べて考察する。

8. 結論：比較的短いレポートあるいは結論が短い場合には、考察の中に結論を含めて記述してもよい。結論が長い場合には、結論の項目を設けて全体のまとめを書くと見易くなる。

9. 問題：必ず答えること。誤差計算の問題については **5.** で解答すること。実験の主題の理解を深める上で役に立つ。

(3) レポートは指示された方法で期日までに提出すること。レポートの提出があって、初めて実験の評価が行なわれることとなる。

§２．物理学実験における基礎事項

2-1　有効数字について

実験では様々な測定機器を用いるが、それらには読み取ることのできる限界、すなわち読み取り精度がある。測定の際には、測定値だけでなく読み取り精度もきちんと記録しておく必要があるが、その簡単な方法として「有効数字」という考え方がよく用いられる。

例として定規で物の長さを測る場合を考えてみよう。市販の定規の多くは最小目盛が 1 mm であるが、慣れてくれば 0.1 mm の位も目測で読み取ることができるだろう。図 2-1(a) の例で測定物の右端は、0.1 mm の位には多少の不確かさがあるものの、およそ「12.3 mm」と読み取ることができる。ここで、「12.3」という数字は測定値そのものだけでなく、その読み取り精度が 0.1 mm 程度であることも示していると考えられる。このように、読み取り精度を考慮して、測定値として意味のある位までを示した数値のことを有効数字と呼ぶ。

有効数字は測定器の読み取り精度で決まる。目盛を読み取る測定器では、最小目盛の 10 分の 1 程度が読み取り精度であり、その位までを有効数字として記録する。副尺を用いて最小目盛より下の位をより正確に読み取ることができる測定器もある（例えばノギスなど）。その場合は、副尺に記載されている読み取り精度の位までを有効数字とする。一方、デジタル式測定器の場合、デジタル表示された値をそのまま有効数字として記録する。図 2-1(b) はストップウォッチの例で、この場合は「28.60 秒」と 0.01 秒の位までがすべて有効数字となる。

有効数字の最小の位はその値の精度を示しているので、その位の読みが 0 の場合でも勝手に省略してはいけない。例えば、図 2-1(b)の例で「28.6 秒」と記録してはいけない。また、図 1-1(a)の左端の読み取りは、「0 mm」ではなく「0.0 mm」とすべきである。

有効数字の桁数にも注意を払う必要がある。例えば、12.3 mm の場合は有効数字 3 桁である。有効数字の桁数は異なる単位で表記しても変わらない。すなわち 12.3 mm＝0.0123 m のように表される。なお、位取りのために入れる 0 と有効桁数を明確に区別するため、0.0123 m は 1.23×10^{-2} m と指数表記するのがよい。

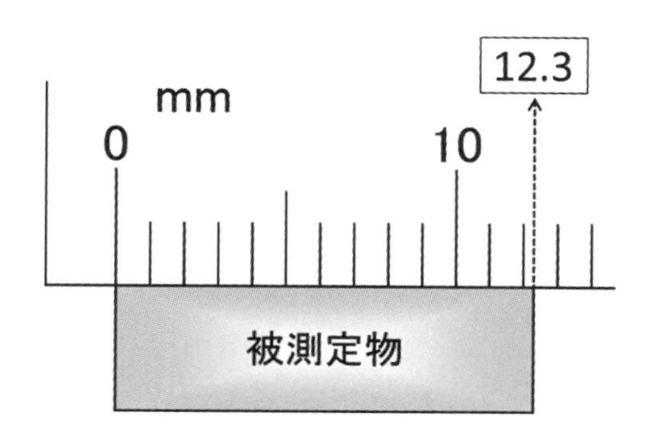

(a) 目盛を読み取る場合

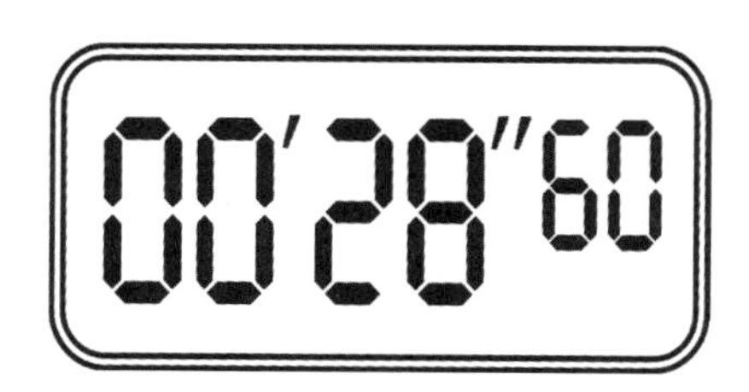

(b) デジタル表示の場合

図 2–1 有効数字の決め方の例

四則演算における有効数字の取り扱い

実験や観測において、最終的に知りたいと考えている物理量を直接測定できるのは稀であり、多くの場合は測定可能な量から計算をして求めることになる。そのため、元の測定値に含まれる不確かさが計算結果にどう影響するかを把握して、有効数字を決める必要がある。

```
  1 0 . 3 ? ?
+   1 . 5 5 6
-------------
  1 1 . 8 ? ?
        5+? 6+?
```

(a) 足し算の場合

```
      7.2 8 ?
  ×   4.6 ?
-------------
    0.? ? ? ? ?
    4.3 6 8 ?
   29.1 2 ?
-------------
   33.? ? ? ? ?
      4+?
```

(b) 掛け算の場合

図 2–2 四則演算における有効数字の取り扱いの例。「?」はその位の数値が全く不明であることを表す。

[加減の場合]

足し算、引き算の場合、まずは足し引きする量の小数点を揃え、小数点より下の桁数が少ないものに有効数字の最小の位を合わせる。図 2-2(a)のように筆算にしてみると分かりやすい。この例では、10.3 と 1.556 という測定値の和を考えている（本来測定値には単位があるが、ここでは簡単のために単位を省略している）。10.3 は 0.1 程度、1.556 は 0.001 程度の不確かさを含む。したがって、その和 11.856 には 0.1 程度の不確かさが含まれるので、有効数字は小数第一位までとなる。小数第二位を四捨五入して、11.9 が有効数字を考慮した計算結果となる。

$$10.3 + 1.556 = 11.8\cancel{56} \cong 11.9$$

[乗除の場合]

乗除の場合は、掛算、割算を行う量の有効数字の桁数に注目し、桁数が最も小さいものに合わせる。例えば、7.28 と 4.6 という測定値の掛け算の場合、有効数字 3 桁と 2 桁の掛算なので、その結果の有効数字は 2 桁となる。つまり四捨五入により、

$$7.28 \times 4.6 = 33.\cancel{488} \cong 3.3 \times 10^1$$

となる。加減の場合と同様に、筆算にして確かめてみることができる（図 2-2(b)）。大まかに言うと、有効数字の桁数はその量の相対的な精度を表している。12.3 の場合、最大の位は 10 で、最小の位 0.1 と 2 桁違う。最小の位はおよその精度に対応するので、相対的には 100 分の 1（1%）程度の精度といえる。掛算、割算の不確かさの伝播は相対的な精度で決まるので、有効数字の桁数のみを考えればよい。

2-2　ノギス、マイクロメータの使用と副尺（vernier）

物差しで読み取りする場合、通常は物差しの最小目盛の 1/10 まで目測するが、この位置を目測に寄らないで機械的に読みとるように工夫された物が副尺である。副尺は主尺（または親尺）に沿って滑り動く小さい物差しで、その目盛りの間隔を主尺より小さくしたものである。一般に主尺の$(n-1)$個の間隔を副尺で n 等分してある。したがって、主尺の 1 間隔（最小目盛り）の長さを a とすれば、主尺の目盛りで測った副尺の 1 間隔は$(n-1)\,a/n$ である。いま図 2-3 で P の位置を読みとる。

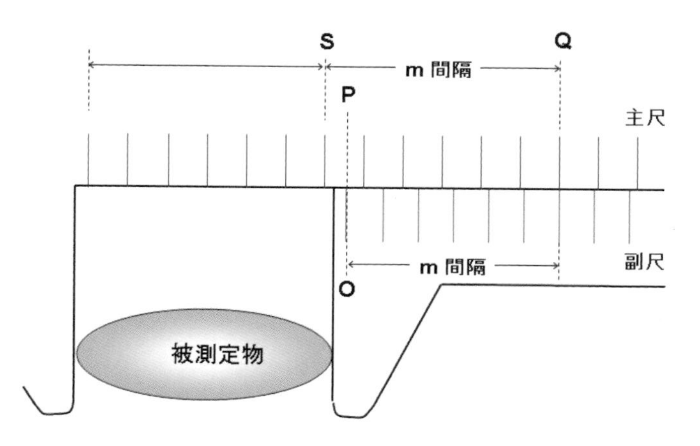

図 2–3　主尺と副尺の目盛り

（この時、副尺の一端 O は P に一致している。）この位置から右方に進むにつれて両目盛りの食い違いは少なくなり、ある目盛りのところ、例えば Q で一致する。（完全に一致しない場合でも最も一致したと思われるところを取る。）我々が知りたいのは SP の長さである。副尺において P Q 間が m 間隔$(m \leq n)$あったとすれば、主尺側では SQ 間が m 間隔であるから

$$\mathrm{SP}=\mathrm{SQ}-\mathrm{PQ}=m\times a-m(n-1)a/n=m\{1-(n-1)/n\}a=m\,a/n \tag{2-1}$$

よって P の位置の読みは S の読みに ma/n を加えておけばよい。通常用いられる副尺は n を 10, 20 または 50 としている。例えば主尺が 1 mm 刻みで（$a = 1$ mm）$n = 20$ ならば 1/20 mm まで、また 0.5 mm 刻みで $n = 50$ ならば 0.5/50 mm = 1/100 mm まで読みとれることになる。

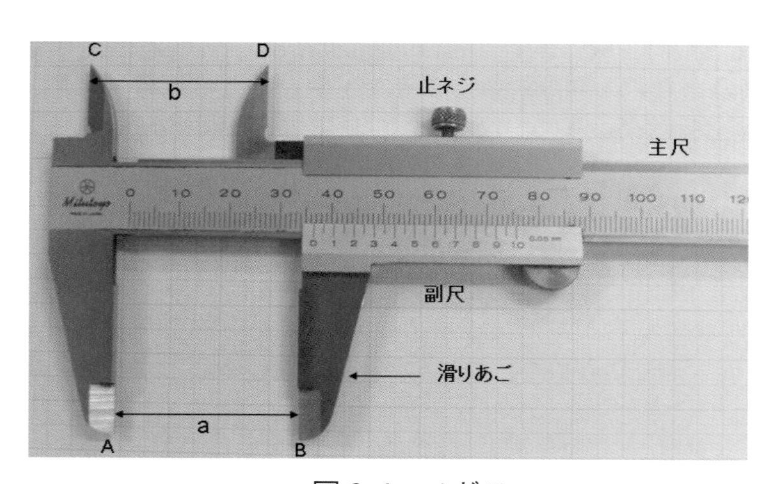

図 2–4　ノギス

図 2-4 は副尺付挟指（vernier calipers）と呼ばれるもので、円筒の内外径や板の厚さなどを測るのに用いる。工場などではノギス（副尺のドイツ語 der Nonius の訛）と呼んでいる。副尺を備えた滑りあごを主尺に沿って動かし、両あご間に物体を挟んだ時の副尺の 0 のところの主尺の読みが物体の長さを表す。また上あご CD 間によって、円筒の内径を測ることができる。

このほか、同じく長さを精密に測るためのものにマイクロメータ・スクリュウゲージ（micrometer screwgauge）（図 2-5）がある。これは単にマイクロメータともいい、固定したナットの中に、スピンドルを回してその送りが回転角に比例することを利用したもので、針金の直径や薄板の厚さなどを測るのに使う。使用にあたってはまずフレームのところを左手に持ち、右手で C を回して A と B との間に物体を軽く挟み、D のところを回して、空回りするようになったら目盛り M_1 と M_2 とで読みとりをする。ネジは普通 1 回転毎に 1/2 mm 進むように作られており、M_2 の 1 周を 50 等分に目盛っておけば 1/100 mm に相当するので、

目分量で 1/1000 mm まで読める。さらにシンブル（套管）に副尺目盛をつけ正しく 1/1000 mm まで読みとれるものもある。

ここでノギスやマイクロメータでは物体を挟まないとき、主尺の零線と、副尺などの零線とが一致しないことがある。このような場合には「ズレ」の値を記録し、物体を挟んだときの値を補正する。暗算で補正した値のみを記録するのはよくない。

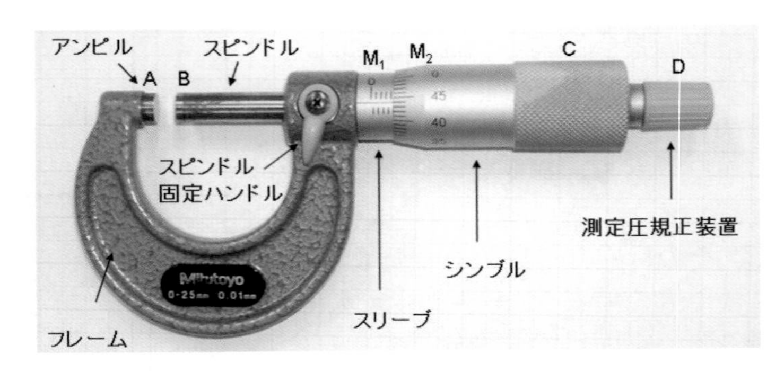

図 2–5　マイクロメータ

2-3　誤差

実験で得られる測定値は種々の測定上の制約に伴う不確かさを常に伴っている。このため測定で得られる量については、その真の値との差（誤差）を考え、測定量の不確かさに配慮することが非常に重要である。誤差 ε は、測定値を x、真の値を x_0 とすると、

$$\varepsilon = x - x_0 \tag{2-2}$$

で表される。この意味の誤差を**絶対誤差** (absolute error) ともいう。これに対して、ε / x_0 を**相対誤差** (relative error) という。測定値の誤差は、その原因により大きく**系統誤差** (systematic error) と**偶然誤差** (random error) に分けることができる。

系統誤差 (systematic error)

系統誤差は、理論誤差 (theoretical error)、機器誤差 (instrumental error)、個人誤差 (personal error) などがある。系統誤差は、原因を立ち入り分析することで、少なくとも原理的に除去できる性質を持つ。

・　理論誤差 (theoretical error)　・・・理論を導く際の仮定に起因する誤差。
例えば、長さ ℓ の単振り子の周期 T を測定して重力加速度 g を $g = 4\pi^2\ell/T^2$ の関係から求める際、ℓ と T をどんなに正確に測ったとしても、元々の関係式が単振動の微分方程式（$\ddot{\theta} = -g\theta/\ell, \sin\theta \cong \theta$ の仮定）から導かれたものであって、振り子の振幅が有限なら、この方程式そのものが近似的なものであり、実験で求めた g は正しい g とは異なることが考えられる。

・　機器誤差 (instrumental error)　・・・測定に使う機器そのものに起因する誤差。
これは、測定計器および器具類のくせや偏りや不完全さである。これらの機器に固有な誤差は、信頼できる標準があれば、それを使って較正することにより、大幅に減らすことができる。

・　個人誤差 (personal error)　・・・個人の癖に由来する誤差。
計器の読み取りなどの観測者のくせや、測定者の未熟さなどに伴う機器の使用法の誤りなど。これらの誤差は、測定者が機器の使用法などを熟練することや、測定にコンピュータ等を用い、自動化することによって人為的な原因による測定の誤り等を減少させることができる。

偶然誤差 (random error)

偶然誤差は、系統誤差を除去しても、熟練者でも制御しきれない種々の偶然的・不可抗力的に発生する誤差である。偶然誤差の原因として、測定器やその操作の精度に限界があるために生ずるものや、測定器の精度が十分に高い場合でも、測定条件の揺らぎなどの別の原因によるものなどがある。

例 1）0.1℃の精度のある温度計で温度を測定した場合、15.23℃という測定値は意味を持たない。この場合の測定値は 15.2℃か 15.3℃である。
例 2）原子核崩壊などのように確率的に起こる現象では、現象の発生数に揺らぎがあるため、必然的に測定値にも揺らぎが現れる。
例 3）デジタル機器等の場合には測定値自体は直接数値として表されるものの、その値は電気ノイズなどが加算され真の値を中心にばらつきが現れる。

偶然誤差は、どのような条件であっても、実験装置自身で予測したり修正したりすることは出来ない。しかし、同じ測定を複数回行い、その測定値を統計的に取り扱うことで偶然誤差の影響を最小限に抑えた結果を得ることは可能である。また、得られた結果の信頼性を定量的に評価することもできる。

2-4　最小二乗法

ある二つの物理量 X と Y の間に $Y = aX + b$ の関係があることが分かっている場合を考える。この時、勾配 a や切片 b を X と Y の測定値から推定する方法として、最小二乗法がよく知られている。最小二乗法の原理は『描いた直線と測定点との差の 2 乗の和を最小にするよう直線を決める。』というものである。

X の値を $x_1, x_2, x_3, \cdots, x_N$ とした時、Y の測定量は $y_1, y_2, y_3, \cdots, y_N$ であったとする。X が x_i の時の Y の正しい値 y_i は $y_i = ax_i + b$ であるから、測定値と正しい値との差の 2 乗の和は

$$S = \sum \varepsilon_i^2 = \sum \left(y_i - Y_i\right)^2 = \sum \left(y_i - ax_i - b\right)^2 \tag{2-3}$$

であるから、これが a, b により極小となる条件は

$$\frac{\partial S}{\partial a} = 2\sum x_i\,(ax_i + b - y_i) = 2\left(a\sum x_i^2 + b\sum x_i - \sum x_i\,y_i\right) = 0 \tag{2-4}$$

$$\frac{\partial S}{\partial b} = 2\sum (ax_i + b - y_i) = 2\left(a\sum x_i + bN - \sum y_i\right) = 0 \tag{2-5}$$

である。この連立方程式から a と b を求めると

$$a = \frac{(\sum x_i)(\sum y_i) - N\sum x_i y_i}{(\sum x_i)^2 - N\sum x_i^2} \tag{2-6}$$

$$b = \frac{(\sum x_i)(\sum x_i y_i) - (\sum x_i^2)(\sum y_i)}{(\sum x_i)^2 - N\sum x_i^2} \tag{2-7}$$

となる。

$$\bar{x} = \frac{1}{N}\sum x_i, \qquad \bar{y} = \frac{1}{N}\sum y_i$$

を用いて、上記式を整理すると、

$$a = \frac{\sum (x_i - \bar{x})(y_i - \bar{y})}{\sum (x_i - \bar{x})^2} \tag{2-8}$$

$$b = \bar{y} - a\bar{x} \tag{2-9}$$

となる。

一般的に、連立方程式は解析的に解ける場合もあるが、指数関数や、べき関数などを含む場合にはコンピュータによる数値計算により解を求める必要がある。ただし、コンピュータを用いた数値計算による当てはめでは、差の二乗和が最小となる値ではなく、単に極小となる別の値が解として得られてしまう場合があり注意が必要である。

また、最小二乗法は、式(2-3)を見てもわかるように、y 軸方向の距離だけを最小にするのであり、x 軸方向の距離も最小にする訳でないことを認識しておくべきである。

2-5　測定の不確かさの見積もり

誤差とは測定値と真の値との差であった。物理量の測定では真の値が分からないため、実験値の精確さや信頼性を表す指標を不確かさと呼び、以下のように計算する。

測定値 $x_i\ (i = 1,2,\dots,n)$ が平均値 $\bar{x} = \frac{1}{n}\sum_{i=1}^{n} x_i$ のまわりに分布しているとき、各測定値の不確かさは

$$s = \sqrt{\frac{1}{n-1}\sum_{i=1}^{n}(x_i - \bar{x})^2} \tag{2-10}$$

となる。n回測定を行った場合には最終結果として平均値 $\bar{x}$ を用い、その信頼性として平均値の不確かさを示す。後出 2-6 の不確かさの伝播則を用いて、平均値の不確かさは

$$\varepsilon = \frac{s}{\sqrt{n}} = \sqrt{\frac{1}{n(n-1)}\sum_{i=1}^{n}(x_i - \bar{x})^2} \tag{2-11}$$

となる。ここで、各測定値とその平均値との差 $\rho_i = x_i - \bar{x}$ を残差と呼ぶ。

2-6　不確かさの伝播則

複数個の物理量をそれぞれ測定してから、それらの関数として表される物理量の値を計算するような測定は間接測定と呼ばれる。間接測定における不確かさはそれぞれの物理量の直接測定における不確かさを組み合わせたものになる。

複数個の物理量 X, Y, Z の関数として表される物理量 $R = f(X, Y, Z)$ を考える。R の測定の不確かさε_RはX, Y, Z 測定の平均値の不確かさをそれぞれ $\varepsilon_X, \varepsilon_Y, \varepsilon_Z$ とすると以下のようになる。

$$\varepsilon_R^2 = \left(\frac{\partial f}{\partial X}\right)^2 \varepsilon_X^2 + \left(\frac{\partial f}{\partial Y}\right)^2 \varepsilon_Y^2 + \left(\frac{\partial f}{\partial Z}\right)^2 \varepsilon_Z^2 \qquad (2-12)$$

これを不確かさの伝播則と呼ぶ。

2-7　グラフの書き方

グラフを書く場合、**軸の線**と**目盛線**を引き、**縦軸、横軸の物理量、単位**および**スケール**を明示する。データをプロットする際は、○や□、△などの**記号**を用いる。記号が小さすぎると読み取りが困難となるので、少なくとも 1 mm 以上の大きさにすること。同じグラフに異なるデータをプロットするときは、必ず記号を変えてプロットし、その**説明（凡例）**を書く。誤差がわかっている場合は縦、または横の棒をつけてその大きさを示す。測定値に一定の関係式が予想される場合には、その関係式を測定値にあてはめて線または曲線を引く。図 2-6 にグラフの例を示す。

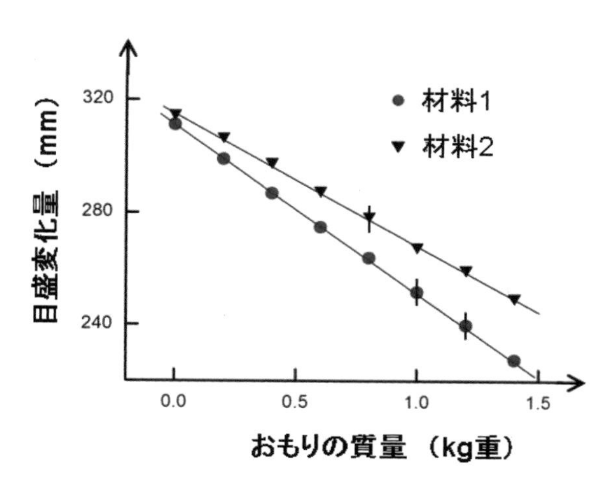

図 2–6　おもりの質量と目盛変化量の関係

現象はしばしば指数関数やべき乗的な変化を示す場合がある。このような現象を表示する場合、片対数あるいは両対数グラフ用紙にプロットすると見通しが良くなる。普通の方眼紙にプロットした結果（図 2-7）と両対数グラフ用紙にプロットした結果（図 2-8）を例に示す。両対数グラフの結果からデータがべき乗にしたがって変化しているようすがわかる。今回は、図 2-8 に示す両対数グラフを用いる。もし､2 つの量の間に $Y = aX^b$ という関係がある場合は、両辺に対数をとると、$\log_{10}Y = \log_{10}a + b\log_{10}X$ となる。ここで、点 $(\log_{10}X, \log_{10}Y)$ は、両対数グラフで直線上に並び、両対数グラフにおける傾きはべき乗の b を表す。

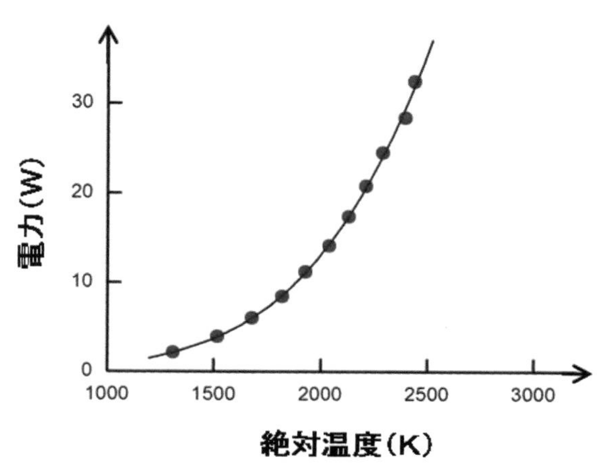

図 2–7　方眼紙にプロットした白熱電球の電力と絶対温度の関係

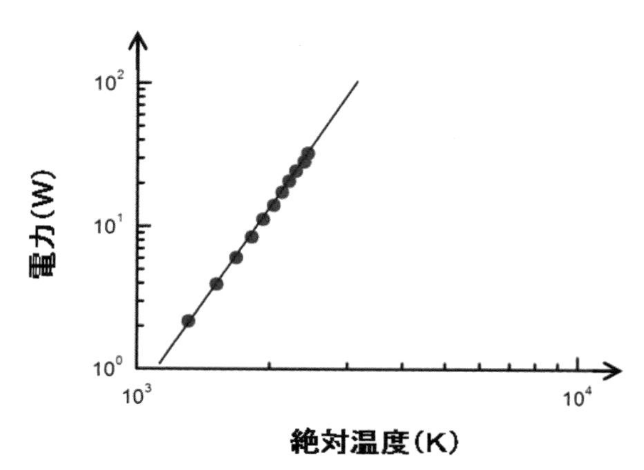

図 2–8　図 2–7 に示した実験データを両対数プロットした結果

2-8　参考

グラフソフトを使った直線関係の導出（最小二乗法）

最近では、グラフ作成やデータ解析はコンピュータを用いて行うことがほとんどである。この節では、Microsoft Office の Excel を使いた回帰分析やグラフ作成について簡単に紹介する。回帰分析とは、従属変数（目的変数）と独立変数（説明変数）の間に式を当てはめ、従属変数が説明変数によってどれくらい説明できるのかを定量的に分析することである。説明変数が１つの場合を「単回帰分析」、説明変数が複数ある場合を「重回帰分析」という。最小二乗法は回帰解析の一種である。

【Excel による回帰直線の計算と表示】
Excel のグラフ機能には、回帰直線（曲線）を計算・表示する機能がある。

① 既知のデータを表にまとめる。
② そのデータ表を選択した状態で、メニューから「挿入」を選び、散布図を描く。
③ 必要に応じて、横軸や縦軸を対数表示にする。
④ 横軸・縦軸のラベルやグラフのタイトルを記す。また、必要に応じてフォントの大きさや軸の範囲なども調整する。
⑤ データ点を右クリックし、「近似曲線の追加」を選択する。
⑥ グラフが、一次式と予測されれば「線形近似」、べき関数であれば「累乗近似」、指数関数であれば「指数近似」を選択し、「グラフに数式を表示する」にチェックを入れる。
⑦ グラフ上に回帰直線（曲線）とその式が表示される。

たとえば、図 2-7 に示したような $Y = aX^b$ の関係にある関数の場合、Excel で「累乗近似」を選ぶと、表示される回帰数式からべき乗の b（両対数グラフにおける傾き）の値を得ることができる。ただし、Excel の「累乗近似」は、x と y を対数変換してから最小二乗法を用いるため、非線形回帰を行って得られる回帰式とは異なる場合がある。こうした注意点もあるが、Excel を使うとさまざまな関数へのあてはめを行うことができる。

§3．重力と地球　―振子の周期による重力加速度の測定―

3-1　はじめに

ニュートンは太陽のまわりの惑星の公転運動から、2つの物体には引力がはたらくと考え、これを万有引力とよんだ。ニュートンの万有引力の法則によると、距離 r [m] だけ離れたところに位置する質量 m_1、m_2 [kg] の物体の間に作用する引力の大きさ F [N] は

$$F = G\frac{m_1 m_2}{r^2} \tag{3-1}$$

となる（図3-1）。ここで、G は万有引力定数であり、6.673×10^{-11} $\mathrm{Nm^2kg^{-2}}$ と決定されている。式 (3-1) は万有引力が2つの物体の質量の積に比例し、物体間の距離の2乗に反比例することを表す。したがって、物体の質量が大きくなればなるほど強く引き合い、距離が離れれば離れるほど引力は弱くなってしまう。

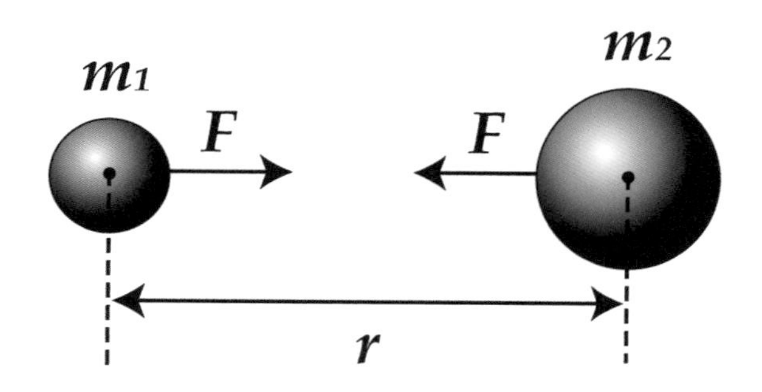

図3–1　2つの物体の間に作用する引力

木から落ちるリンゴを見てニュートンが万有引力の法則を発見したという話は有名である。この話はあまり事実に忠実ではないが、「リンゴが落ちる」ということを例にして万有引力の法則をさらに考えよう。図3-2に示すように、地球を半径 R_E[m]、質量 M_E[kg] の球と見なすと、地球表面から高さ x [m] のところを落下する質量 m [kg] のリンゴは、

$$F = G\frac{M_E m}{(R_E + x)^2} \tag{3-2}$$

の重力で地球に引きつけられる。$R_E \gg x$ であるので、リンゴにはたらく重力は

$$F \cong m\frac{GM_E}{R_E^2} \tag{3-3}$$

と近似でき

$$g = \frac{GM_E}{R_E^2} \tag{3-4}$$

を重力加速度という。g の単位は $\mathrm{m/s^2}$ である。

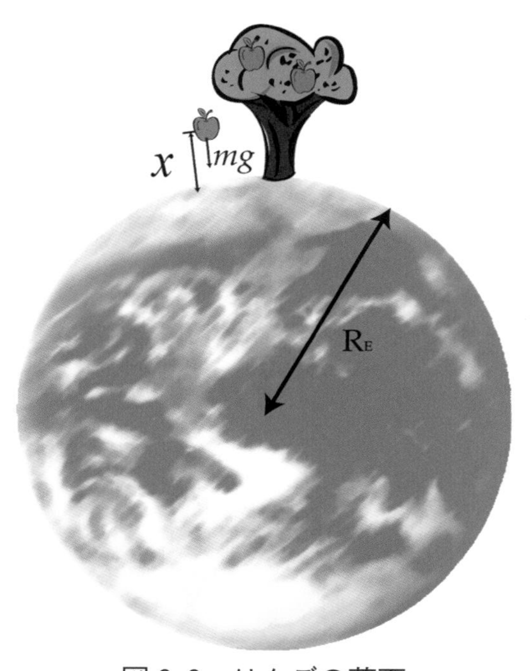

図3–2　りんごの落下

地球表面でも重力加速度は場所により違いがあり、その平均値は約 9.80 $\mathrm{m/s^2}$ である。変化を少し詳しく見ると、重力加速度は赤道上で 9.78 $\mathrm{m/s^2}$、南極や北極の極地で 9.83 $\mathrm{m/s^2}$ となる。

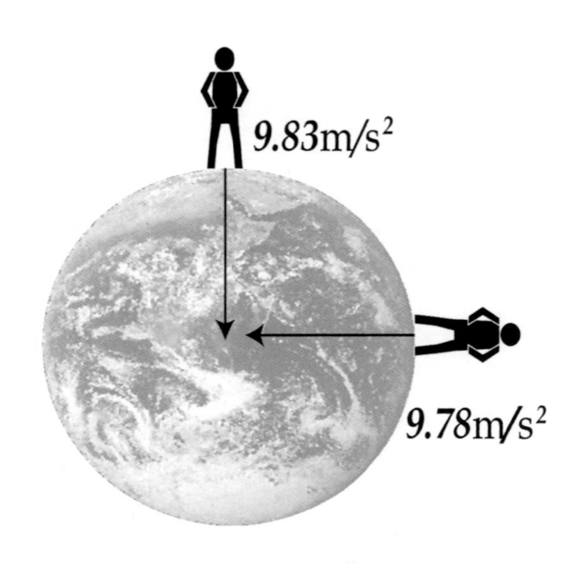

図 3–3　緯度による重力加速度の変化

（図 3-3）。したがって、緯度の違いにより最大約 0.5%（0.05 m/s²）変化する。これは主に地球の自転による遠心力（0.03 m/s² 強）や地球が完全な球ではなく回転楕円体に近いことによって生じる。また、地球による重力は地球の中心からの距離の 2 乗に反比例するので、高度が増すと重力加速度は減少する。これらの原因以外にも地殻の岩盤の厚さ、種類などによる影響も受ける。

400 年以上も前に、ガリレオはピサの斜塔で重力加速度測定の実験を行ったと言われている。このとき得られた重力加速度の値は 5 m/s² であった。現在では、測定技術も格段に向上し、地球上の重力分布のようすが明らかになってきている。

重力加速度の測定方法には、絶対測定と相対測定の 2 種類がある（図 3-4）。絶対測定では、重力加速度の**絶対重力値**が得られる。例えば、自由落下する物体の重力加速度を直接測定する方法がある（図 3-4(a)）。真空中で物体を静かに放すと物体は地球の重力にしたがって地球の中心へ向かって自由落下する。

$t=1$ s　$D=\frac{1}{2}1^2g$

$t=2$ s　$D=\frac{1}{2}2^2g$

$t=3$ s　$D=\frac{1}{2}3^2g$

$t=4$ s　$D=\frac{1}{2}4^2g$

図 3–4（a）絶対重力計

図 3–4（b）相対重力計

物体の落下距離 $D\ (=\frac{1}{2}gt^2)$ [m] と落下に要した時間 t [s] を測ることで重力加速度を求めることができる。この方法では、物体の落下距離を正確に測るために、原子時計で調整されたレーザー基準が用いられる。したがって、装置は大がかりできわめて高価なものとなる。相対測定はある地点と別の場所や、ある時刻と別の時刻の間の重力加速度の差を測定する方法である。この方法では、重力加速度そのものはわからないので、重力加速度のわかっている点との差を測定して重力加速度を求める。スプリング型重力計（図 3-4(b)）はスプリングにおもりをつり下げたものであり、重力の違いによりスプリングの伸びが違うことを利用し、その差を測ることにより重力加速度の差を求める。

このような絶対測定や相対測定の他に、重力加速度により振子の振動周期が決まることを利用して、間接的に地球の重力加速度を測定する方法がある。この実験では、「ボルダの振子」を用いて重力加速度を間接測定する。この振子は摩擦を減らしたり、慣性モーメントの誤差が少なくなるようにしたり工夫されている、たいへん簡単な構造の振子である。

3-2　目的

この実験では、振子（ボルダの振子）の振幅が小さいとき、その振動の周期から重力加速度を求め、地球の重力や平均密度などについて考察することを目的とする。この方法は重力加速度を高精度で決定することができる方法である。

3-3　実験の原理

図 3-5 に示すように、質量が無視できる長さ ℓ [m] の針金の一端に半径が a [m]、質量が m [kg] の金属球のおもりが固定された振子がある。この振子は点 O をとおる固定軸のまわりで微小振動する。

簡単のため、おもりの大きさを無視して質点と見なし、図 3-5 の振子を単振子で近似する。このとき、おもり（質点）の運動方程式は

$$mh\frac{d^2\theta}{dt^2} = -mg\sin\theta \tag{3-5}$$

で与えられる。ここで、$h = \ell + a$ であり、θ [rad] は針金と鉛直線のなす角である。振幅が小さい微小振動の場合には、$\sin\theta \cong \theta$ と近似できるので

$$\frac{d^2\theta}{dt^2} = -\omega_0^2\theta, \quad \omega_0^2 = \frac{g}{h} \tag{3-6}$$

である。ここで ω_0 [rad/s] は角振動数である。この微分方程式の一般解は

$$\theta = A\sin\omega_0 t + B\cos\omega_0 t \tag{3-7}$$

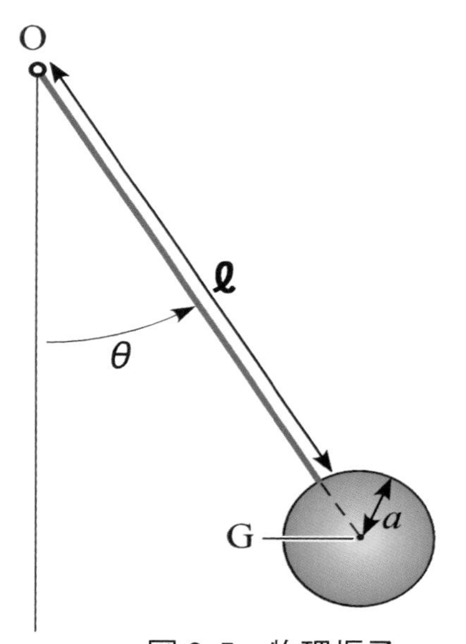

図 3–5　物理振子

となる。したがって、振子の周期 T [s] は

$$T = \frac{2\pi}{\omega_0} = 2\pi\sqrt{\frac{h}{g}} \tag{3-8}$$

と表される。$h = \ell + a$ に注意すると、式 (3-8) から重力加速度は

$$g = \frac{4\pi^2}{T^2}h = \frac{4\pi^2}{T^2}(\ell + a) \tag{3-9}$$

となる。したがって、T、ℓ、a を測定すれば重力加速度を決定できる。

3-4　実験、測定

図 3-6 に示すように、ボルダの振子の運動は、質量が無視できる細い針金 W でつられた金属球 M と針金を支える支持体がナイフエッジ N を支点とする振動である。このような複雑な形状を持つ物体の振動の周期を計算することは難しい。そこで、支持体（C、D、N）だけをナイフエッジを支点として振動させたときの周期を、支持体と金属球を含む振子全体の周期に等しくすると、支持体の振子全体への影響を無視することができる。このとき、ボルダの振子は図 3-5 の振子と等価になる。

実験に用いる装置と器具は、(a) 振子（金属球、針金、支持体、支座、支持台）、(b) 水準器、(c) ノギス、(d) ℓ の測定器、(e) ストップウォッチである。床から 2 m くらいの高さの壁に支座が固定されており、その上にボルダの振子のナイフエッジ N の支持台 S がのる。S にはそれを水平にするための調節ネジ S_1、S_2 がついている。支持体の心棒の下端には針金 W を固定するネジ C があり、上部には支持体の振動の周期を調節するネジ D がある。振子の針金は長さが約 1 m の細い鋼線で、その下端には金属球 M がついている。

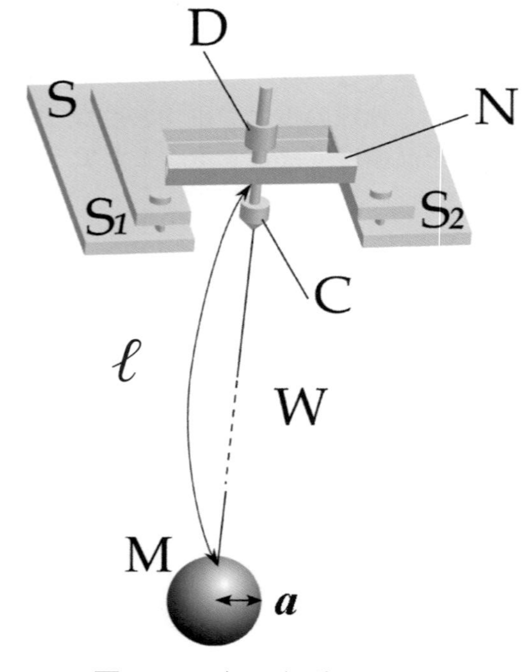

図 3–6　ボルダの振子

(1) 準備

1. 支持台が水平になっているかどうかを水準器で確認する。もし、水平になっていない場合は、調節ネジ S_1、S_2 によって水平に調節する。
2. 支持体の振動の周期を調節するネジ D は、既に調整されている。その為、付属のネジを回さないように注意すること。
3. ナイフエッジに垂直な平面内（鉛直面内）で、鉛直線とのなす角が 3°程の小振動をさせる。鉛直線の目安としてカーソル線を描いた鏡を金属球 M 付近に設置している。カーソル線を中心に小振動するよう目線を合わせ、鏡に映った針金の像が横切る瞬間をとらえて周期を測定する。振動させるとき球が楕円軌道を描かないように注意すること。
4. 針金の長さは約 1 m であるが、途中に極端な折れ曲がりのあるものは、担当教員またはTA まで申し出ること。

(2) 測定と結果

振子の周期 T、ナイフエッジから金属球のつけ根までの距離 ℓ、金属球の半径 a を測定し、以下に示した例にしたがってデータ処理を行う。

1. 周期 T の測定

振子がカーソル線を一定方向に通過するのを観測しながら、10 振動ごとにストップウォッチのスプリットキーを押して通過時刻を計測して記録する。その際には、ストップウォッチの、ラップタイムとスプリットタイムの違いを理解して測定を行なうこと。次の例に示すように、100 振動まで測定し、各 50 回の振動に要する時間から一周期の平均値を計算する（**「§ 3-7 (4) 等間隔現象における間隔の最確値」**を参照せよ）。 次に、計算した 5 つの平均値から平均の周期を求め、それを T の最確値とする。なお、最初の 10 振動で測定ミスをした場合に限り、100 振動目の予備データを用いてもよい。

[T の測定と最確値]

回数	時刻 t	回数	時刻　t'	$t'-t$	$(t'-t)$ / 50
	分 秒		分 秒	分　秒	秒
0	0:03.19	50	1:45.53	1:42.34	2.0468
10	0:23.65	60	2:06.00	1:42.35	2.0470
20	0:44.10	70	2:26.44	1:42.34	2.0467
30	1:04.61	80	2:46.92	1:42.31	2.0462
40	1:25.08	90	3:07.41	1:42.33	2.0465
		100	3:27.87	(予備)	

平均　2.0466~~4~~ 秒

2. 距離 ℓ の測定

図 3-7 のようにナイフエッジから金属球のつけ根までの距離 ℓ を、以下の表のように測定する。ナイフエッジを置く場所を変えて 6 回測定し、その平均を ℓ の最確値とする。金属球の付け根の位置を読み取る際には、視差（§ 3-7 (1)「視差」参照）に気を付けること。

[ℓ の測定と最確値]

回数	ナイフエッジの位置[m]	金属球つけ根の位置[m]	ℓ [m]
1	1.4894	0.4709	1.0185
2	1.4249	0.4061	1.0188
3	1.3579	0.3400	1.0179
4	1.4897	0.4713	1.0184
5	1.4253	0.4068	1.0185
6	1.3582	0.3395	1.0187

平均 1.018~~47~~ m
5

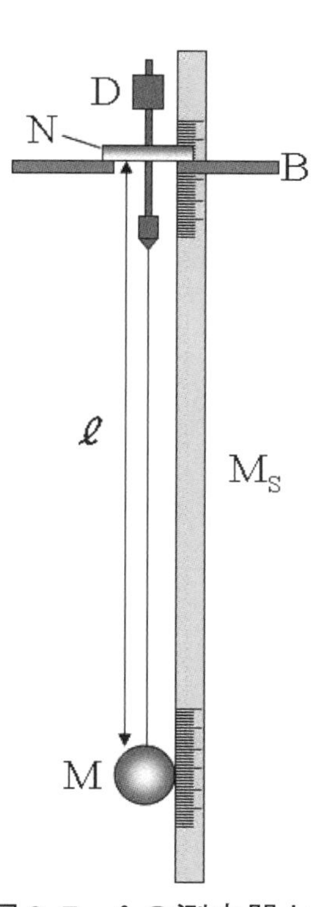

図 3–7　ℓ の測定器とボルダの振子

3. 半径 a の測定

ノギスを用いて、金属球の直径bを方向を変えて6回測り、半径aを求める。半径の平均をとり、aの最確値とする。

[a の測定と最確値]

回数	直径 b [m]	半径 a [m]
1	4.125×10^{-2}	2.063×10^{-2}
2	4.120×10^{-2}	2.060×10^{-2}
3	4.125×10^{-2}	2.063×10^{-2}
4	4.125×10^{-2}	2.063×10^{-2}
5	4.125×10^{-2}	2.063×10^{-2}
6	4.130×10^{-2}	2.065×10^{-2}

平均　2.06~~17~~×10^{-2} m
2

(3) 測定後の作業

T、ℓ、a の最確値を計算して、式(3-9) から g を求める。

3-5　問題

次の **1.** ～ **4.** をレポートに含めること。

1.　重力加速度 g を求めよ。有効数字に注意すること。

2.　**3-6** を参考にして周期 T、距離 ℓ、半径 a の不確かさを見積もり、それぞれが g にもたらす不確かさを示せ。そこから、g の測定の不確かさの見積もり値を求めよ。また、その値を用いて、g の測定の不確かさを小さくするには、T、ℓ、a の測定のうちどの測定の精度を上げる必要があるかを考察せよ。

3.　福岡における g の値を調べ、自分の測定結果とそれとの違いがどのようにして生じたか考えよ。

4.　実験で得られた重力加速度 g の値を式(3-4)に代入して、地球の質量 M_E [kg]および地球の平均密度 d [kg/m^3]を推定せよ。ただし、万有引力定数 G を 6.67×10^{-11} Nm^{2}kg^{-2}、地球の半径 R_E を 6.38×10^6 m とする。

3-6　不確かさの見積もり

以下に、T、ℓ、a の測定値と残差の例、およびそれらを用いて重力加速度 g の測定の不確かさを見積もる例を示す。（注意：残差は各測定値とその平均値との差として計算する。計算の途中では有効数字桁数より 1 桁多い桁数を用いる。）

[周期Tの測定値と残差の計算]

回数	周期 T [s]	残差 ρ_i [s]	ρ_i^2 [s^2]
1	2.0468	1.6×10^{-4}	2.6×10^{-8}
2	2.0470	3.6×10^{-4}	1.3×10^{-7}
3	2.0467	6.0×10^{-5}	3.6×10^{-9}
4	2.0462	-4.4×10^{-4}	1.9×10^{-7}
5	2.0465	-1.4×10^{-4}	2.0×10^{-8}

平均値 2.04664 s, $\sum\rho_i^2 = 3.72\times10^{-7}$ s^2

[距離$\boldsymbol{\ell}$の測定値と残差の計算]

回数	距離$\boldsymbol{\ell}$ [m]	残差 ρ_i [m]	ρ_i^2 [m^2]
1	1.0185	3.3×10^{-5}	1.1×10^{-9}
2	1.0188	3.3×10^{-4}	1.1×10^{-7}
3	1.0179	-5.7×10^{-4}	3.2×10^{-7}
4	1.0184	-6.7×10^{-5}	4.5×10^{-9}
5	1.0185	3.3×10^{-5}	1.1×10^{-9}
6	1.0187	2.3×10^{-4}	5.4×10^{-8}

平均値 1.01847 m, $\sum\rho_i^2 = 4.93\times10^{-7}$ m^2

[半径aの測定値と残差の計算]

回数	半径 a [m]	残差 ρ_i [m]	ρ_i^2 [m^2]
1	0.020625	8.3×10^{-6}	6.9×10^{-11}
2	0.020600	-1.7×10^{-5}	2.8×10^{-10}
3	0.020625	8.3×10^{-6}	6.9×10^{-11}
4	0.020625	8.3×10^{-6}	6.9×10^{-11}
5	0.020625	8.3×10^{-6}	6.9×10^{-11}
6	0.020650	-1.7×10^{-5}	2.8×10^{-10}

平均値 2.0617×10^{-2} m, $\sum \rho_i^2 = 8.33 \times 10^{-10}$ m^2

$T,\ \ell,\ a$ の測定の平均値の不確かさは、式(2-11)を用いてそれぞれ以下のように求まる。

$$\varepsilon_T = \sqrt{\frac{3.72\times10^{-7}}{5\times4}} = 1.36 \times 10^{-4}\ \text{s}$$

$$\varepsilon_\ell = \sqrt{\frac{4.93\times10^{-7}}{6\times5}} = 1.28 \times 10^{-4}\ \text{m}$$

$$\varepsilon_a = \sqrt{\frac{8.33\times10^{-10}}{6\times5}} = 5.27 \times 10^{-6}\ \text{m}$$

g の測定の不確かさ ε_g は、式(2-12)の式を用いて以下のように求める。

$$\varepsilon_g^2 = \left(\frac{\partial g}{\partial T}\right)^2 \varepsilon_T^2 + \left(\frac{\partial g}{\partial \ell}\right)^2 \varepsilon_\ell^2 + \left(\frac{\partial g}{\partial a}\right)^2 \varepsilon_a^2 = \left(-\frac{8\pi^2(\ell + a)}{T^3}\right)^2 \varepsilon_T^2 + \left(\frac{4\pi^2}{T^2}\right)^2 \varepsilon_\ell^2 + \left(\frac{4\pi^2}{T^2}\right)^2 \varepsilon_a^2$$

$$= (1.70 + 1.46 + 0.00247) \times 10^{-6}\ (\text{m/s}^2)^2 = 3.17 \times 10^{-6}\ (\text{m/s}^2)^2$$

$$\varepsilon_g = 0.0018\ \text{m/s}^2$$

一方、式(3-9) から g は次のように求まる。測定の不確かさの見積もりを考慮すると、

$$g = \frac{4\pi^2}{T^2}(\ell + a) = 9.7933 \pm 0.0018\ \text{m/s}^2$$

3-7　参考

(1) 視差（parallax）

物差しやメータで目盛りを読みとる場合、測るべき点と目盛りとが密接していれば問題はないが、図 3-8 (b) のように点 P と目盛面とが離れている場合には、常に目を目盛面に直角な方向 PQ に置いて読みとるようにしなければならない。PQ'あるいは PQ"のような方向に目を置いたときには読みが多すぎたり少なすぎたりする。このような現象を視差という。諸種の目盛りの読み取りで視差をなくすことは大切なことであり、機械によってはこの視差をなくすように工夫されたものもある。例えば (b) のような場合は目盛面を鏡面にし、(c) のように P 点とその虚像とを結ぶ直線上に目を置けば視差はなくなる。また望遠鏡や顕微鏡などで十字線 (cross wire) の像と物体の像とを同時に見るとき、両方の像が同一平面内にできていないとやはり視差を生ずる。視差をなくすには、両方の像を見ながら目を少し左右に動かして両者の相対的な動きがなくなるようレンズの位置を調節すればよい。

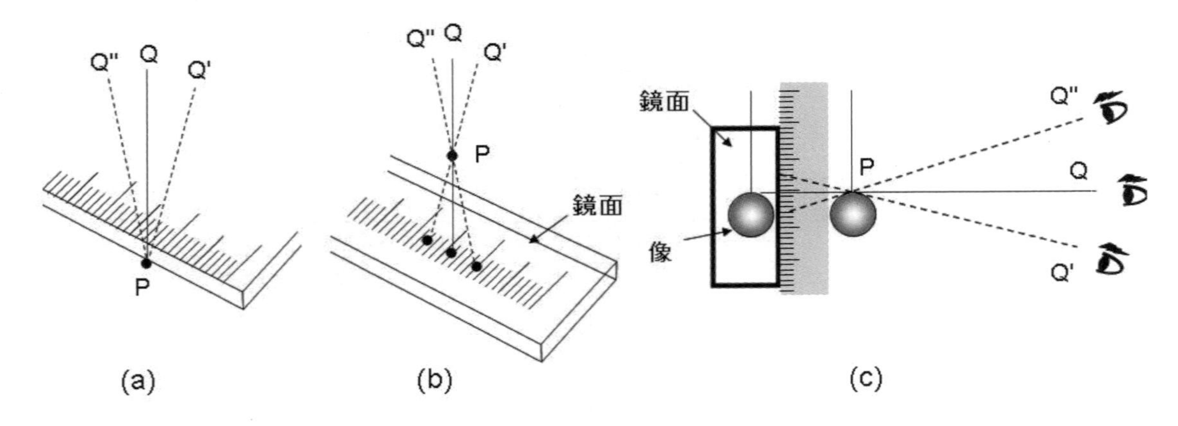

図 3–8 読みとり視差

(2) 振幅の影響

振子の振幅がある程度大きくなると、式 (3-6) で $\sin\theta \cong \theta$ と近似したことによる影響を無視できなくなる。このような場合、周期 T は次のように補正される。

$$T = 2\pi\sqrt{\frac{\ell + a}{g}}\left(1 + \frac{\delta^2}{16} + \cdots\right) \tag{3-10}$$

ここで、δ は θ の最大値（振子の振幅）を表し、振子の周期は振幅に依存することになる。したがって、重力加速度は以下のようになる。

$$g \cong \frac{4\pi^2(\ell + a)}{T^2}\left(1 + \frac{\delta^2}{16}\right)^2 \cong \frac{4\pi^2(\ell + a)}{T^2}\left(1 + \frac{\delta^2}{8}\right) \tag{3-11}$$

(3) 球体の大きさの影響

運動方程式 (3-5) は、おもりを質点と見なし、その大きさの影響を無視して導出されている。おもりの大きさを考慮するには、振子の慣性モーメントを用いなければならない。点 O からおもりの重心 G までの距離を h、固定軸のまわりの振子の慣性モーメントを I [kg m^2] とすると、振子の運動方程式は

$$I\frac{d^2\theta}{dt^2} = -mgh\sin\theta \tag{3-12}$$

となる。振幅が小さい微小振動の場合には、$\sin\theta \cong \theta$ と近似できるので

$$\frac{d^2\theta}{dt^2} = -\omega^2\theta, \quad \omega^2 = \frac{mgh}{I} \tag{3-13}$$

となる。ここで ω [rad/s] は角振動数である。この微分方程式の一般解は

$$\theta = A\sin\omega t + B\cos\omega t \tag{3-14}$$

となる。したがって、振子の周期 T [s] は

$$T = \frac{2\pi}{\omega} = 2\pi\sqrt{\frac{I}{mgh}} \tag{3-15}$$

と表される。式(3-15) から重力加速度は

$$g = \frac{4\pi^2}{T^2}\frac{I}{mh} \tag{3-16}$$

となる。球（半径 a、質量 m）の重心に関する慣性モーメント I_G は、

$$I_G = \frac{2}{5}ma^2$$

で与えられるので、図 3-5 に示した振子の慣性モーメントは

$$I = I_G + mh^2 = \frac{2}{5}ma^2 + mh^2 \tag{3-17}$$

となる。この I を式(3-16) に代入し、$h = \ell + a$ を考慮すると、重力加速度は

$$g = \frac{4\pi^2}{T^2}\left\{\ell + a + \frac{2}{5}\frac{a^2}{(\ell + a)}\right\} = \frac{4\pi^2}{T^2}(\ell + a)\left\{1 + \frac{2}{5}\frac{a^2}{(\ell + a)^2}\right\} \tag{3-18}$$

となる。したがって、T、ℓ 、a を測定すれば重力加速度を決定できる。

(4) 等間隔現象における間隔の最確値

ボルダの振子における周期測定のような等間隔現象を取り扱う場合、最確値の導出には注意が必要となる。いま、振子がつり合いの位置を同じ向きに通過する時刻を N 回ごとに t_1、t_2、…、t_{2n} と $2n$ 回測定したとする。このとき、表 3-1 (a) のように $t_{i+1} - t_i$（周期の N 倍）を求めて $2n-1$ 個について平均し、周期の N 倍の最確値とするやり方は、途中の測定値 (t_2、…、t_{2n-1}) が無駄になる。このような場合には、全ての測定値を表 3-1 (b) のように、t_1、t_2、…、t_n と t_{n+1}、t_{n+2}、…、t_{2n} の 2 つの組に分け、組と組との時刻の差をとり、平均を求めると、全ての測定値は同等に扱われることになる。そして、これらの時刻の差は周期の nN 倍にあたる量であるから、この平均値を nN で割れば 1 周期の値が求まることになる。

表 3-1 (a)

$$\left.\begin{aligned} t_2 - t_1 &= NT_1 \\ t_3 - t_2 &= NT_2 \\ &\vdots \\ +)\quad t_{2n} - t_{2n-1} &= NT_{2n-1} \end{aligned}\right\}(2n-1)\text{個}$$

$$t_{2n} - t_1 = N(T_1 + T_2 + \cdots + T_{2n-1})$$

したがって、周期の N 倍の平均値は、

$$\overline{NT} = \frac{N(T_1+T_2+\cdots+T_{2n-1})}{2n-1} = \frac{t_{2n} - t_1}{2n-1}$$

表 3-1 (b)

$$\left.\begin{aligned} t_{n+1} - t_1 &= nNT_1 \\ t_{n+2} - t_2 &= nNT_2 \\ &\vdots \\ +)\quad t_{2n} - t_n &= nNT_n \end{aligned}\right\} n\text{ 個}$$

$$(t_{n+1} + t_{n+2} + \cdots + t_{2n}) - (t_1 + t_2 + \cdots + t_n) = nN(T_1 + T_2 + \cdots + T_n)$$

したがって、周期の nN 倍の平均値は、

$$\overline{nNT} = \frac{nN(T_1+T_2+\cdots+T_n)}{n} = \frac{(t_{n+1}+t_{n+2}+\cdots+t_{2n}) - (t_1+t_2+\cdots+t_n)}{n}$$

§4．電流の磁気作用　―直線電流と円形電流の作る磁束密度の測定―

4-1　はじめに

我々の身近に存在する磁石は、鉄などの磁性体を目に見えない力によって引き付けることでよく知られている。また磁石は古くより方位を示す道具、方位磁石として用いられてきた。地球はほぼ磁気双極子、つまり北極付近をS極、南極付近をN極とする一つの大きな磁石とみなすことができる。このため地球には磁場（地磁気）が存在し、磁石にはその地磁気に沿ってN極を北、S極を南に向けようとする力が働くからである。一方、電気に関する現象も古くから知られていた。たとえば、コハクを毛皮で擦ると物を引き付ける性質を持つようになる。これはいわゆる摩擦電気（静電気）である。

今でこそ電気と磁気はひとくくりに扱われ、物理学の中でも「電磁気学」という一つの分野を形成しているが、かつてはこの2種類の現象の間に関係があるとは考えられていなかった。1820年、エルステッドは方位磁石のそばで電流を流すと、方位磁石が振れることを発見した。これが電流の磁気作用である。この話を聞いたアンペールは、この発見の重大性に気づいて、直ちに電流間に作用する力を非常に精密に調べ、電流を流すことで磁石を引き付ける力と同じ力が発生することをつきとめた。すなわち電流により磁場が生じるのである。このとき生じた磁場（正確には磁束密度）の大きさと向きは、ビオ・サバールの法則として式(4-7)のように表される。逆に、磁場のなかで電流が流れると、つまり電荷を持つ粒子が運動すると力が働く。これをローレンツ力と呼ぶ。今回の実験で用いるホール素子は、この性質を利用して磁束密度を測定することができる。

4-2　目的

この実験では、ホール素子を用いた簡易な磁束密度計測器で定常の直線及び円形電流によって生じる磁束密度の測定を行い、定常状態の電磁気学に関する理解を深める。具体的には、電流と磁束密度の関係を与えるアンペールの法則とビオ・サバールの法則を実証する。

本実験は2つの実験で構成されている。実験1では矩形コイルを用いて有限直線電流が作る磁束密度を計測する。実験2では1つの円形電流から生じる磁束密度を測定する。

4-3　実験の原理

(1) 磁束密度と磁場

一般的に磁束密度は$\boldsymbol{B}$、磁場の強さは$\boldsymbol{H}$で表し、どちらも3次元のベクトル量である。磁束密度はある点での磁束線の向きと大きさを表し、磁場の強さは磁力線の向きと大きさを表す。両者の違いについて、詳しくは「基幹物理学」などの他の教科書に説明を譲るが、真空中では磁束密度$\boldsymbol{B}$と磁場の強さ$\boldsymbol{H}$は比例関係にあり、$\boldsymbol{B} = \mu_0 \boldsymbol{H}$となる。ここで$\mu_0$を真空の透磁率と呼ぶ。多くの研究分野では磁場の強さ$\boldsymbol{H}$よりも磁束密度$\boldsymbol{B}$を用いることの方が一般的であり、単に「磁場」と呼んだ場合、磁束密度$\boldsymbol{B}$のことを指すことが多い。また、「磁力線」と呼んだ場合も「磁束線」のことを指すことが多い。磁束密度$\boldsymbol{B}$の単位はテスラ[T] = [Wb/m^2]、磁場の強さ$\boldsymbol{H}$の単位は[A/m]を用いる。ただし、分野によっては磁束密度の単位に、CGS単位系であるG（ガウス）を用いる習慣も根強く残っているので注意してほしい。ガウスとテスラの関係は1 G = 10^{-4} Tである。

(2) ホール効果とホール素子

ホール効果とは、電流が流れている物体に対して磁場をかけると、電流および磁場に垂直な方向に起電力が生じる現象である。1879年に米国の物理学者 Edwin H. Hall によって発見されたことから、発見者の名前をとってホール効果と呼ばれる。この現象は主に半導体で用いられ、例えば半導体素子であるホール素子は、ホール効果を利用して磁束密度を測定するのに用いられる。

磁束密度 $\boldsymbol{B}$ のなかを速度 $\boldsymbol{v}$ で運動する電荷 q の粒子には、ローレンツ力 $\boldsymbol{F} = q\,\boldsymbol{v} \times \boldsymbol{B}$ が働く。力の向きは、外積を用いていることから分かる通り、$\boldsymbol{v}$ と $\boldsymbol{B}$ に垂直である。図 4-1 のようにホール素子に右向きに定常電流 $\boldsymbol{I}$ を流し、それと垂直方向に下から上に向かって磁束密度 $\boldsymbol{B}$ をかける。するとローレンツ力により、電荷 q が正の場合は、粒子は紙面手前方向に移動し、紙面奥方向が負に帯電して、電荷の分極が起きる。その結果ホール素子の紙面手前と奥の両端間にはホール起電力 V が生じることになる。荷電分極によって生じる電場を $\boldsymbol{E}$（向きは紙面手前から奥方向）とすると、粒子は電場から受ける力とローレンツ力が釣り合う位置まで移動し、定常状態に達する。この時、$q\boldsymbol{E} = q\,\boldsymbol{v} \times \boldsymbol{B}$、すなわち $E = vB$ となる。一方、ホール素子内部の電流密度 $\boldsymbol{j}$ は、粒子の数密度 n を用いて $\boldsymbol{j} = nq\boldsymbol{v}$ で与えられる。したがって、$E = RjB$ となり、生じる電場は電流密度と磁束密度に比例する。その比例係数 $R = 1/(nq)$ はホール係数と呼ばれ、物質の種類、温度などによって符号や大きさが決まる。ホール素子全体で考えれば、ホール起電力 V は電流 I と磁束密度 B に比例し、比例係数は材料・寸法、温度などで決まる。

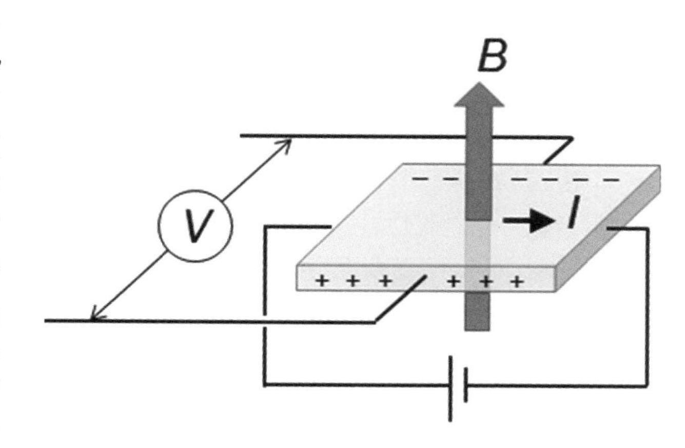

図 4–1 ホール素子とホール効果
（電荷 q が正の場合）

(3) 無限に長い直線電流が作る磁束密度

図 4-2 のように直線電流を流すと電流を中心として同心円状に磁束密度が発生する。このときの磁束密度 $\boldsymbol{B}$ は電流からの距離に反比例する大きさを持ち、電流が流れていく方向からみて反時計回りの向きを向いている。これは電流の方向に右ねじを進めるとき、右ねじを回す向きであるため、右ねじの法則とも呼ばれる。強さ I の直線電流が無限に長く伸びているとみなせるとき、電流から距離 r の位置における磁束密度の大きさ $B(r)$ は

$$B(r) = \frac{\mu_0 I}{2\pi r} \tag{4-1}$$

となる。ここで真空の透磁率の値は $\mu_0 = 4\pi \times 10^{-7}$ [H/m] である。ただし、ヘンリー[H] = [Wb/A]である。

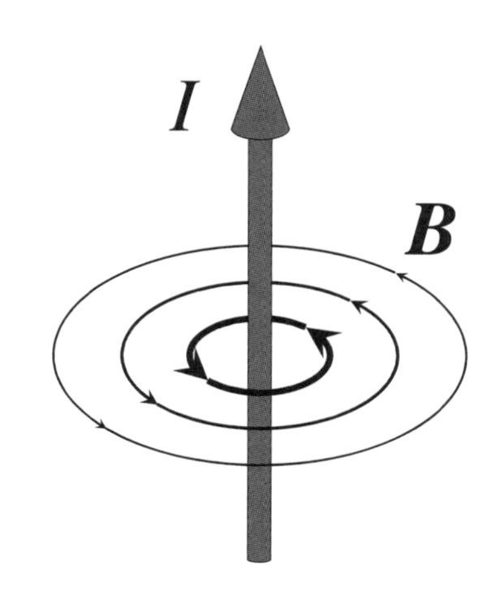

図 4–2 直線電流が作る磁束密度

(4) 円形電流が作る磁束密度

図 4-3 に示すような半径 a の円形電流 I があるとき、その電流が円の中心に作る磁束密度の大きさは

$$B=\frac{\mu_0 I}{2a} \tag{4-2}$$

向きは、円を含む面に垂直な方向となる。これは電流が流れる向きに右ねじを回したとき、右ねじが進んでいく方向である。この電流が周りに作る磁束密度は、ちょうど図 4-4 のような棒磁石が作る磁束密度と同じ形となる。特に図 4-5 に示したように、円の中心から円を含む面に垂直な方向に距離 x だけ離れた位置に注目すると、磁束密度の向きは先ほどと同じで、大きさ $B(x)$ は

$$B(x)=\frac{\mu_0 a^2 I}{2(a^2+x^2)^{3/2}} \tag{4-3}$$

で表される。今の場合、円の中心が $x=0$ の位置に対応するので、(4-3) に $x=0$ を代入すると、確かに (4-2) と一致することが確認できる。

また磁束密度には重ね合わせの原理が成り立つため、コイルが 2 つある場合は、2 つのコイルが作る磁束密度の和が測定される。たとえば、図 4-6 のように半径 a の円形コイル 2 つを中心距離 b を隔てて同一軸上に平行に配置し、これらのコイルに同方向に電流 I を流す場合を考える。このときの x 軸上では 2 つのコイルが作る磁束密度が重なり合い、x 軸正の向きの磁束密度が生じる。特に $a=b$ の場合、2 つの円形コイルの中点付近の x 軸上では、磁束密度がほぼ一様となる。このようなコイルをヘルムホルツコイルとよび、実験室で一様な磁束密度を作る際に利用されている（§4-6 参考 (5) ヘルムホルツコイルが作る磁束密度を参照）。

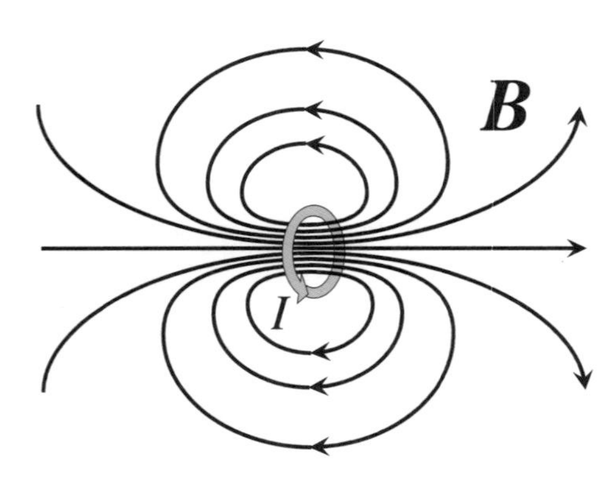

図 4–3 円形電流が作る磁束密度

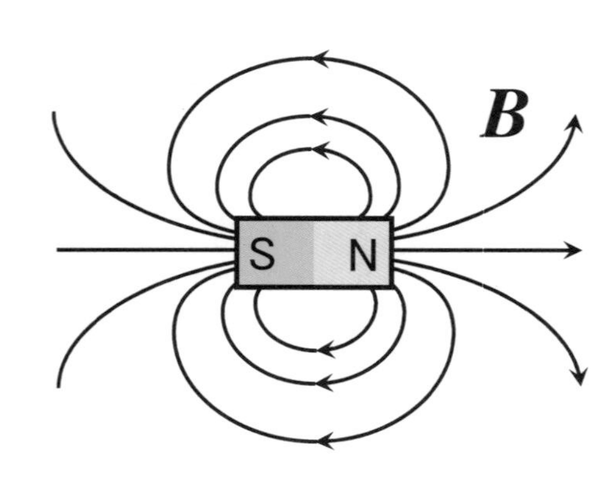

図 4–4 棒磁石が作る磁束密度

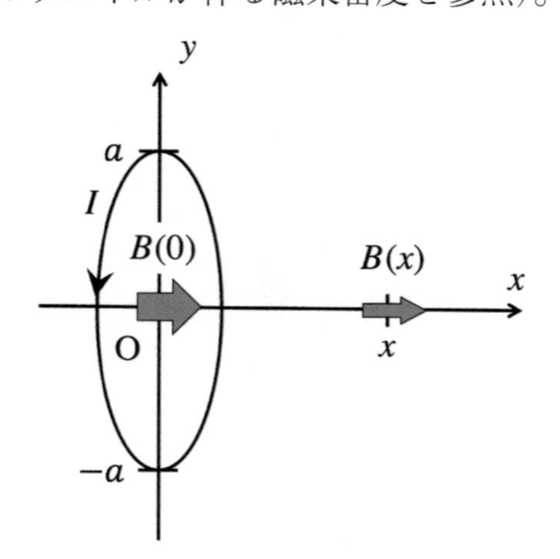

図 4–5 円形電流の軸上の磁束

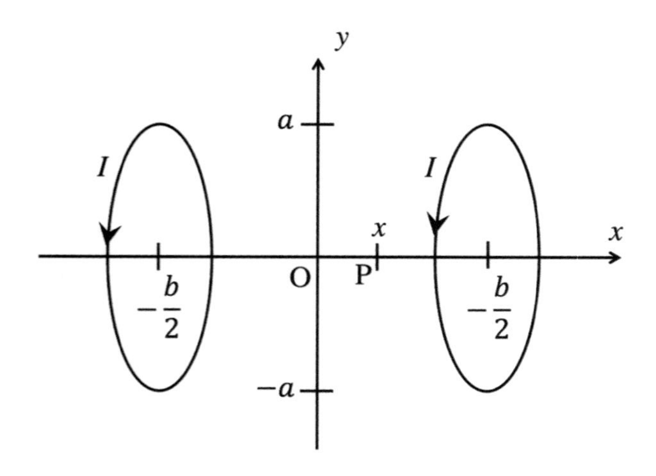

図 4–6 2 つの円形電流

4-4　実験

本実験では円形コイルと矩形コイルに定常直流電流を流し、その周辺に生じる磁束密度を測定することで、電流が作る磁場について実験的に学ぶ。

◆ 実験上の注意 ◆
コイルにより発生する磁場に対する注意
・ この実験は、磁束密度にすると 1 mT 以下の磁場が発生する。人体や電子機器に影響を及ぼすほどの強度ではないが、磁場が発生しているコイル近くに、むやみに磁気記録媒体（キャッシュカードやクレジットカード等）や金属類を近づけないこと。

定常直流電源装置に対する注意
・ テキストで指定された値以上の電流値・電圧値で電流を流さないように注意すること。特に、ホール素子に定格値以上の電圧をかけると、破損の原因となる。
・ 感電を防ぐため、通電中のコイルや定常電源装置の金属部に触らないこと。
・ 実験に使っていないときは、定常直流電源装置の電源を必ず切ること。これは感電を防ぐためだけでなく、コイルに長時間電流を流し続けることによる発熱を防ぐためでもある。

◎ **ホール素子を用いた磁束密度測定器の設定と測定方法**

本実験では、ホール素子（Allegro 社、A1324LUA-T）、デジタルマルチメータ（ADCMT 社、7351E；DMM と略されることもある）、定常直流電源装置（KIKUSUI 社、PMC18-3；以下では単に電源装置と呼ぶ）を用いて磁束密度を測定する。図 4-8 に示した通り、ホール素子はベークライトの棒の先端に取り付けられており（以下ではこの部分を磁束密度測定器と呼ぶ）、ホール素子に電流を流すための電源装置と、ホール起電力を測定するデジタルマルチメータに接続できるようになっている。磁束密度測定器は、測定したい磁束密度の向きに合わせて、水平方向用と鉛直方向用の 2 種類が用意されており、これらはホール素子の取り付けられている向きが異なる。磁束密度測定器の使い方は以下の通り。

1. 磁束密度測定器の DMM 側端子と電源装置側端子に、デジタルマルチメータと電源装置（ホール素子用とラベルされたもの）からのびるリード線を接続する（図 4-8 参照）。
2. ホール素子用電源装置の“POWER”ボタン（電源スイッチ）を押し、続けて“OUTPUT”ボタン（出力スイッチ）を押して電流を流し、出力電圧を 5.00 V（ホール素子の定格電圧）に設定する。電圧は右側にある VOLTAGE のつまみを回して調整することができる。電源装置に表示される値は、“A/V”ボタンを押すことで、電流値と電圧値との切り替えができる。電圧を測定しているときは、表示部に“V”と表示される。
3. デジタルマルチメータの“POWER”ボタンを押して電源を入れ、“DCV”ボタンを押して電圧測定モードにする。次に測定範囲（レンジ）が自動になっているか（表示部に“AUTO”と表示されているか）確認する。測定範囲は“Auto”ボタンを押すことで自動と手動とを切り替えることができる。さらに、連続的に測定した電圧値からその移動平均値を求める設定になっているか（表示部に“SM”と表示されているか）確認する。設定されていなければ“SM”ボタンを押す（図 4-7 参照）。
4. デジタルマルチメータに表示される電圧値から、ホール素子を貫く磁束密度の大きさを求めることができる。本実験で使用するホール素子の感度、すなわち電圧と磁束密度の変換係数は 50.00 ± 2.50 V/T であるので、その逆数（ここでは平均値 50.00 V/T の逆数 0.02000 T/V）を“ホール起電力 [mV]”に乗算すれば“磁束密度 [mT]”が求まる。

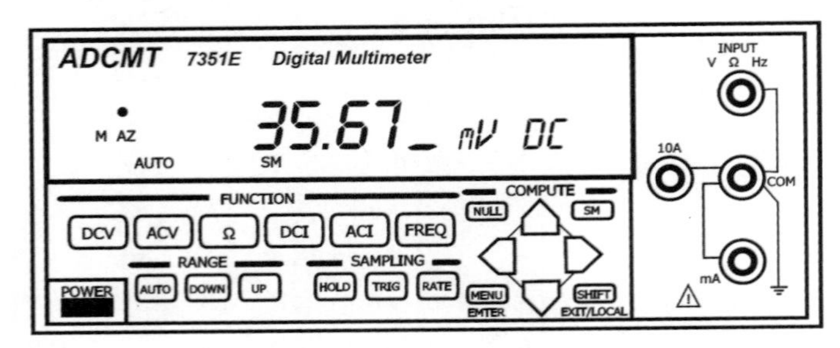

図 4–7 デジタルマルチメータ（ADCMT 社製 7351E）

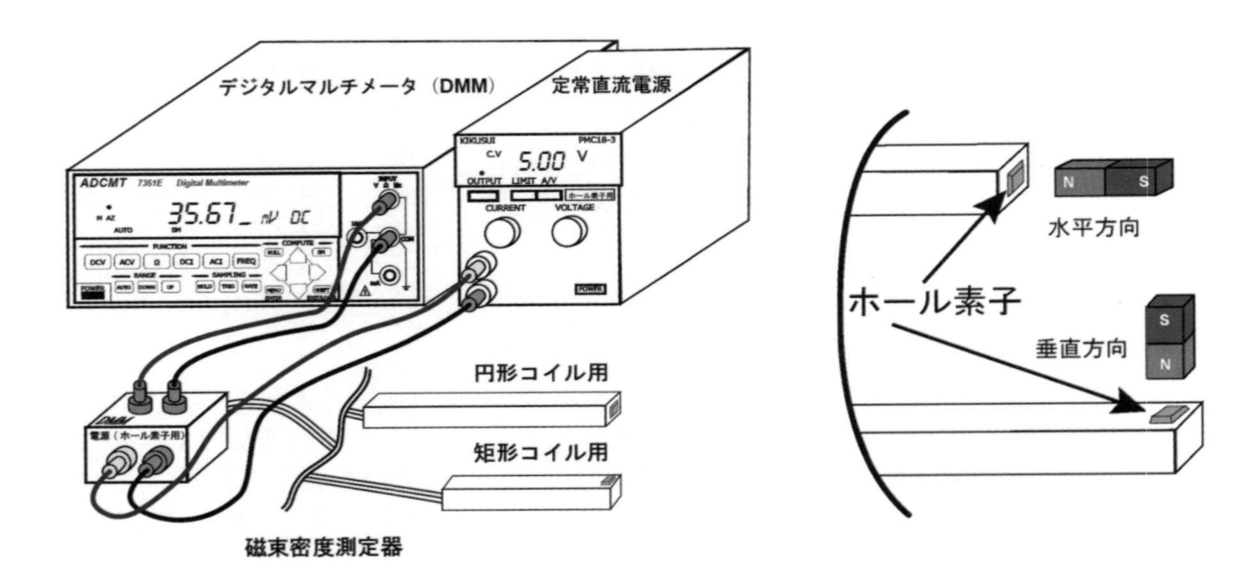

図 4–8（左）磁束密度測定器の設定、（右）磁束密度測定器（ホール素子）の動作確認

5. 測定を終了するときや、磁束密度測定器を水平方向用から鉛直方向用につなぎかえるときは、ホール素子用電源装置の“OUTPUT”ボタンを押して出力を止め、“POWER”ボタンを押して電源を切ってから、接続プラグを抜く。

◎　オフセット電圧

磁束密度測定器のホール素子に磁石などの磁場が生じるものを近づけなくても、デジタルマルチメータにはゼロでない電圧値が表示される。本実験ではこれを「オフセット電圧」と呼ぶ。オフセット電圧は、建物内部や付近にある磁化したものから生じる磁場、地磁気など測定器周辺にはじめから存在していた磁場（背景磁場）による影響や、ホール素子自身の特性によるものである。

コイルに流した電流によって生じる磁束密度を測定する際、デジタルマルチメータには電流が作る磁束密度に起因するホール起電力だけでなくオフセット電圧も含んだ値が表示される。このため、あらかじめコイルに電流を流さない状態で測定点でのオフセット電圧を測定しておく必要がある。実験においては、測定した電圧の値からオフセット電圧を差し引くことで、正味の「電流が作る磁束密度によるホール起電力」が得られ、それに 0.02000 T/V を乗算すれば、電流が作る磁束密度を求めることができる。

(1) 実験 1：矩形コイルに流れる電流が作る磁束密度の測定

図 4-9 のように、1 辺の長さが 250 mm、巻き数 70 の矩形コイルに 1.00 A の電流を流したときに生じる磁束密度を測定する。

1. I–23 の手順に従い、図 4-8 のように矩形コイル用磁束密度測定器の測定準備をする。

2. 棒磁石を用いて、磁束密度をかけると出力電圧が変化することを確認する。さらに、N 極を近づけたときの測定電圧値の正負と、S 極を近づけたときの測定電圧値の正負を、それぞれ実験ノートに記録する。

3. 図 4-9 のように矩形コイル実験装置の側面に磁束密度測定器を置き、矩形コイルの 1 辺の中点から距離 $r = 135$ mm の位置にホール素子がくるようにセットしてオフセット電圧を測定し、その結果を実験ノートに記録する。ここで、導線から矩形コイル実験装置の端までの距離は $r = 25$ mm である。すなわち $r = 135$ mm の位置は、矩形コイルに添えられた定規の端から 110 mm の目盛の位置に対応する。

4. 矩形コイルからのびるリード線を電源装置（コイル用とラベルされたもの）に接続する。次にコイル用電源装置の“POWER”ボタン（電源スイッチ）を押し、続けて“OUTPUT”ボタン（出力スイッチ）を押して 1.00 A の電流を矩形コイルに流す。

5. 矩形コイルに電流を流した状態で、$r = 25$-135 mm の位置における電圧を 10 mm ごとに測定する。

6. 測定が終わったら、コイル用電源装置の“OUTPUT”ボタンを押して出力を止め、“POWER”ボタンを押して電源を切る。

7. 各点において測定した電圧の値から、オフセット電圧の値を引くことで、電流によって生じた磁束密度によるホール起電力を求め、さらにそれを磁束密度の値に換算する。さらに、矩形コイルからの距離 r [m]、矩形コイルからの距離の逆数 $1/r$ [m^{-1}]、電圧の測定値 [mV]、ホール起電力 [mV]、電流が作る磁束密度 [mT] を「表 1」として実験ノートにまとめる。

8. テキストの巻末にある方眼紙を用いて、縦軸を電流が作る磁束密度の絶対値 [mT]、横軸を矩形コイルからの距離の逆数 $1/r$ [m^{-1}] として、グラフを作成する。

9. 矩形コイルの 1 辺を流れる電流を無限に長い直線電流とみなすと、それが作る磁束密度の大きさは式 (4-1) より、距離 r に反比例することがわかる。式 (4-1)を用いて理論値を計算し、「表 1」に記入するとともに、それを **8** のグラフに直線として書き加える。

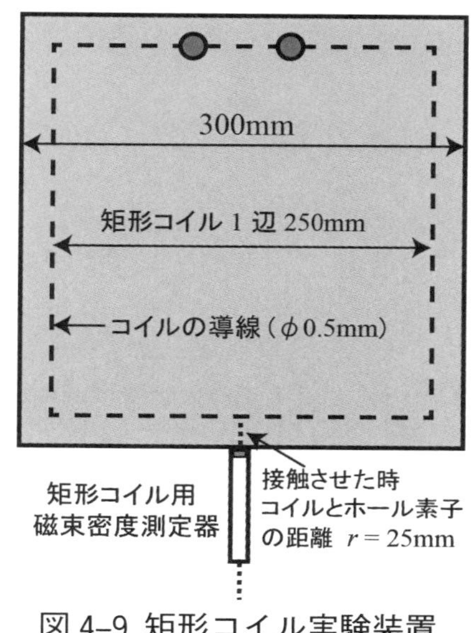

図 4–9 矩形コイル実験装置

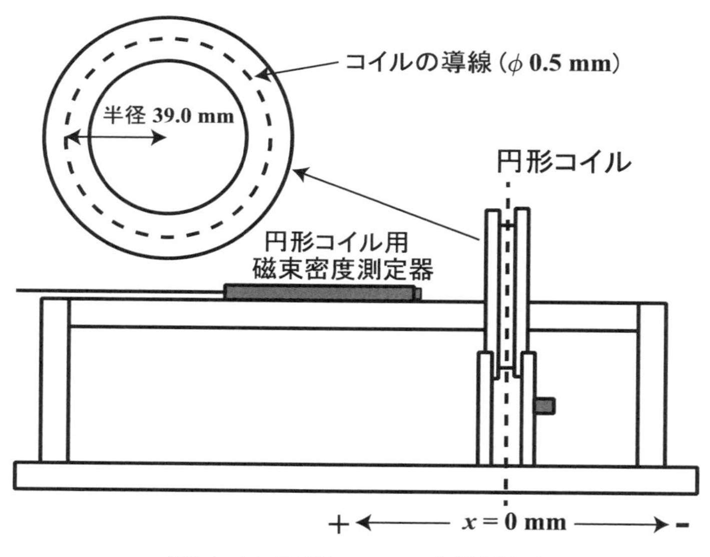

図 4–10 円形コイル実験装置

表 4-1　実験 1 のデータ･計算の例

導線からの距離 r [m]	導線からの距離の逆数 $1/r$ [m^{-1}]	電圧の測定値 [mV]	ホール起電力 [mV]	磁束密度の計測値 [mT]	磁束密度の大きさの理論値 [mT]
0.0250	40.0	−46.31	−21.74	−0.4348	
0.0350	28.6	−39.47	−14.90	−0.2980	
⋮	⋮	⋮	⋮	⋮	
0.1350	7.407	−26.45	−1.88	−0.0376	

オフセット電圧：−24.57 mV

(2) 実験 2：円形コイルに流れる電流が作る磁束密度の測定

図 4-10 のように、コイル半径 $a = 39.0$ mm、巻き数 70 の円形コイルに 1.00 A の電流を流したときに生じる磁束密度を測定する。

1. I–23 の手順に従い、図 4-8 のように円形コイル用磁束密度測定器の測定準備をする。

2. 棒磁石を用いて、磁束密度をかけると出力電圧が変化することを確認する。さらに、N 極を近づけたときの測定電圧値の正負と、S 極を近づけたときの測定電圧値の正負を、それぞれ実験ノートに記録する。これにより、自分の配線した状態で測定器がどの方向の磁束密度を正の値にとるかを確認できる。

3. 図 4-10 のように円形コイル実験装置に磁束密度測定器をのせ、ホール素子が $x = -40$ mm の位置にくるようにセットしてオフセット電圧を測定し、その結果を実験ノートに記録する。ここで円形コイルの中心の位置を $x = 0$ mm とする。この時点では、まだコイルに電流を流さないこと。

4. 円形コイルからのびるリード線を電源装置（コイル用とラベルされたもの）に接続する。次にコイル用電源装置の“POWER”ボタン（電源スイッチ）を押し、続けて“OUTPUT”ボタン（出力スイッチ）を押して 1.00 A の電流を円形コイルに流す。電流は左側にある CURRENT のつまみを回して調整することができる。電源装置に表示される値は、“A/V”ボタンを押すことで、電流値と電圧値との切り替えができる。電流を測定しているときは、表示部に“A”と表示される。

5. 円形コイルに電流を流した状態で、$x = -40$ mm から+40 mm の位置における電圧を 10 mm ごとに測定する。

6. 測定が終わったら、コイル用電源装置の“OUTPUT”ボタンを押して出力を止め、“POWER”ボタンを押して電源を切る。

7. 各点において測定した電圧の値から、オフセット電圧の値を引くことで、電流によって生じた磁束密度によるホール起電力を求め、さらにそれを磁束密度の値に換算する。そのうえで、円形コイルの中心からの距離 [m]、電圧の測定値 [mV]、ホール起電力 [mV]、電流が作る磁束密度 [mT] を「表 2」として実験ノートにまとめる。

8. テキストの巻末にある方眼紙を用いて、縦軸を円形電流が作る磁束密度の絶対値 [mT]、横軸を円形コイルからの距離 x [m] として、グラフを作成する。

9. 円形電流の作る磁束密度の式 (4-3) を用いて、$x = -40$ mm から+40 mm における磁束密度の大きさの理論値を計算し、「表 2」に記入する。また、理論値のプロットを **8** のグラフ書き加える。このとき、理論値は滑らかな線で結ぶ。

表 4-2　実験 2 のデータ・計算の例

位置 x [m]	電圧の測定値 [mV]	ホール起電力 [mV]	磁束密度の計測値 [mT]	磁束密度の大きさの理論値 [mT]
−0.0400	−39.45	−21.40	−0.4280	
−0.0300	−49.44	−31.39	−0.6278	
⋮	⋮	⋮	⋮	
0.0400	−38.51	−20.46	−0.4092	

オフセット電圧：−18.05 mV

4-5　問題

(1) 実験 1：矩形コイルに流れる電流が作る磁束密度の測定

1. 測定された磁束密度の正負から、この実験では、どちらの向きに磁束密度が生じていたと考えられるか。図を描いて説明せよ。

2. 式 (4-1) から算出した理論値は実験の計測値と一致しない。その理由として、今回の実験では、①直線電流の長さが無限ではなく有限であること、②測定の際、辺 A が作る磁束密度だけでなく、辺 C, B, D が作る磁束密度も含まれること（図 4-11 参照）、が挙げられる。これらを考慮すると、無限に長い直線電流の場合と比べて、磁束密度の値の大きさは、大きくなるか小さくなるか。①、②のそれぞれについて、その理由も含めて考察せよ。必要であれば、§4-6 参考 (4) 直線電流が作る磁束密度の導出 を参照のこと。

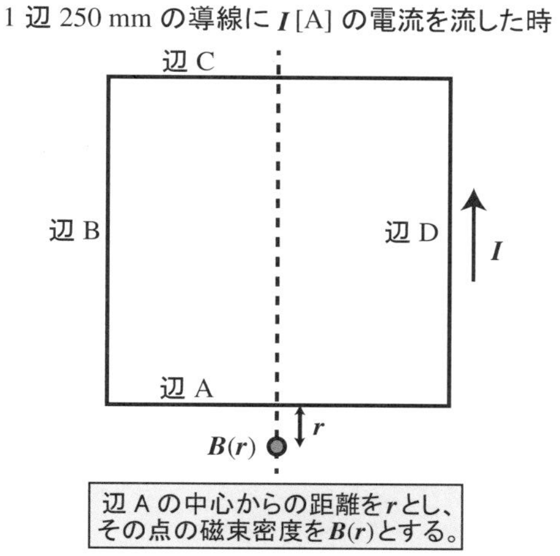

1 辺 250 mm の導線に I [A] の電流を流した時

辺 C

辺 B　　辺 D　I

辺 A

$B(r)$　r

辺 A の中心からの距離を r とし、その点の磁束密度を $B(r)$ とする。

図 4−11　実験 1 におけるコイルの形状

3. (オプション課題)[i] 以上をふまえて、有限の大きさの矩形コイルに流れる電流が作る磁束密度の大きさを与える式を導出せよ。さらに、この実験において、$r = 25$–135 mm における磁束密度の理論値を計算し、計測値と一致したかどうかグラフに追記して比較せよ。なお、個々の値の計算は煩雑であるため、Excel などのソフトの利用を推奨する。

(2) 実験 2：円形コイルに流れる電流が作る磁束密度の測定

1. 測定された磁束密度の正負から、この実験では、どちらの向きに磁束密度が生じていたと考えられるか。図を描いて説明せよ。

2. 磁束密度の計測値と理論値を比較し、両者がどの程度一致したか調べよ。両者の違いが大きい場合、それがどのようにして生じたか考察せよ。

---

[i] この課題に取り組むことで実験の理解が深まるため、ぜひ挑戦して欲しい。ただし、難易度がやや高いため、分からなければレポートに含めなくてもよい(減点の対象とはしない)。

4-6　参考

(1) アンペールの法則

直線電流 I の作る磁束密度の大きさを与える式 (4-1) の関係を書きかえると

$$2\pi r B(r) = \mu_0 I \tag{4-4}$$

となる。この式から、直線上を流れる電流の値は、その直線を軸に持つ円で電流を取り囲んで、その円の周長 $2\pi r$ と円周上での磁束密度 $B(r)$ を測定すれば求められることがわかる。このとき、電流を取り囲む円の半径 r はいくらであっても構わない。

では、電流を円ではない任意の形状を持つ閉曲線 C_0 で取り囲んだ場合はどうだろうか。実は式 (4-4) は**アンペールの法則**として次のように一般化できる。

$$\int_{C_0} \boldsymbol{B} \cdot d\boldsymbol{s} = \mu_0 I \tag{4-5}$$

ここで微小ベクトル $d\boldsymbol{s}$ は閉曲線 C_0 上で C_0 の接線方向を向いたベクトルである。さしずめ、閉曲線 C_0 をどの辺の長さも非常に短い多角形で近似したときに、その辺の両端を始点と終点に持つようなベクトルが $d\boldsymbol{s}$ だと考えればよい。ただし微小ベクトル $d\boldsymbol{s}$ に沿って閉曲線 C_0 上を一周する向きは、電流 I が流れる方向に右ねじを進める向きとする。こうして C_0 を無限個の微小ベクトル $d\boldsymbol{s}$ で分割し、各辺上での磁束密度 $\boldsymbol{B}$ を測定する。この磁束密度と微小ベクトルの内積をとったもの $\boldsymbol{B} \cdot d\boldsymbol{s}$ を各辺について足しあげれば（積分すれば）、閉曲線 C_0 に取り囲まれている電流の強さ I を求めることができる。

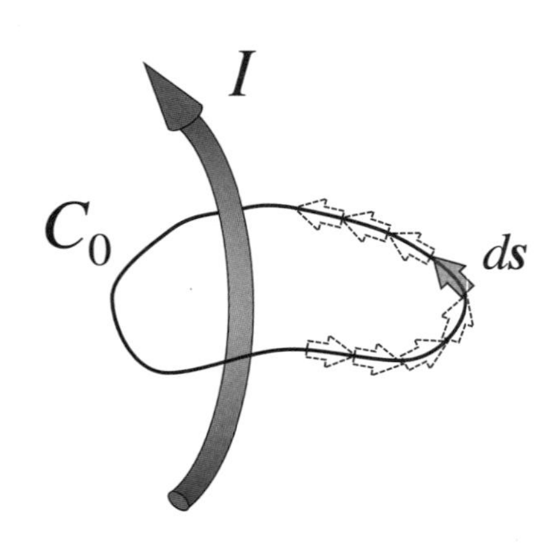

図 4–12　I, C_0, ds の位置関係

たとえば、閉曲線 C_0 として半径 r の円をとると、この円は無限個の頂点を持つ正多角形に近似できる。円周上では磁束密度の大きさ B が一定で、磁束密度の向きと円の接線の向きは平行となるため、$\boldsymbol{B} \cdot d\boldsymbol{s} = B\,ds$ となる。ここに、ds は正多角形の一辺の長さであり、それを辺の数だけ足しあげると、合計は円の周長 $2\pi r$ となる。つまり、式 (4-5) の左辺の積分の値は $2\pi rB$ となり、結局、式 (4-4) に一致すること確かめられる。

(2) ビオ・サバールの法則

磁束密度 $\boldsymbol{B}$ のなかを速度 $\boldsymbol{v}$ で運動する電荷 q の粒子には、ローレンツ力 $\boldsymbol{F} = q\,\boldsymbol{v} \times \boldsymbol{B}$ が働く。荷電粒子の流れが電流なので、電流に磁束密度をかけるとやはりローレンツ力が働く。ここで微小ベクトル $\Delta\boldsymbol{s}$ の上を $\Delta\boldsymbol{s}$ と同じ向きに電流 I が流れている場合を考える。こうした非常に短い区間を流れる電流を電流素片と呼ぶ。このときに働くローレンツ力は $\boldsymbol{F} = I\,\Delta\boldsymbol{s} \times \boldsymbol{B}$ で表される。この磁束密度 $\boldsymbol{B}$ が位置ベクトル $\boldsymbol{r}$ の場所に置かれた磁荷 q_m によって生じているとすると、電流素片 $I\,\Delta\boldsymbol{s}$ の位置での磁束密度は $\boldsymbol{B} = \dfrac{q_m}{4\pi}\dfrac{\boldsymbol{r}'-\boldsymbol{r}}{|\boldsymbol{r}'-\boldsymbol{r}|^3}$ と書ける。ただし、$\boldsymbol{r}'$ は電流素片の位置ベクトルである。よって、電流素片 $I\,\Delta\boldsymbol{s}$ が受ける

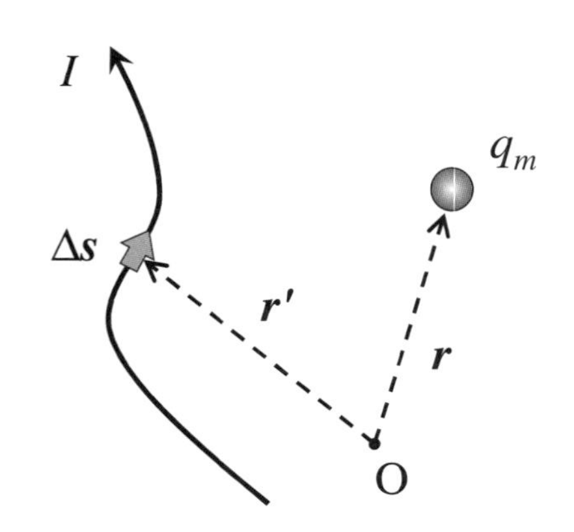

図 4–13　q_m と $I\,\Delta\boldsymbol{s}$ の位置関係

ローレンツ力は

$$\boldsymbol{F} = \frac{q_m}{4\pi}\frac{I\Delta\boldsymbol{s}\times(\boldsymbol{r}'-\boldsymbol{r})}{|\boldsymbol{r}'-\boldsymbol{r}|^3} \tag{4-6}$$

となる。一方で、作用・反作用の法則より、磁荷 q_m は電流素片 $I\Delta\boldsymbol{s}$ から $-\boldsymbol{F}$ の力を受けることになる。この力を、電流素片 $I\Delta\boldsymbol{s}$ が磁荷 q_m の位置に作る磁場 $\Delta\boldsymbol{H}$ によってなされたものとみなすと、 $-\boldsymbol{F} = q_m\Delta\boldsymbol{H} = q_m\Delta\boldsymbol{B}/\mu_0$ となるので、式 (4-6) に代入して

$$\Delta\boldsymbol{B} = \frac{\mu_0}{4\pi}\frac{I\Delta\boldsymbol{s}\times(\boldsymbol{r}-\boldsymbol{r}')}{|\boldsymbol{r}-\boldsymbol{r}'|^3} \tag{4-7}$$

となる。これは、位置 $\boldsymbol{r}'$ にある電流素片 $I\Delta\boldsymbol{s}$ が位置 $\boldsymbol{r}$ に作る磁束密度を表しており、**ビオ・サバールの法則**と呼ばれる。

(3) 円形電流が作る磁束密度の導出

図 4-14 に示すような半径 a の円形電流 I が、点 P に作る磁束密度は、ビオ・サバールの法則により求めることができる。円形電流の中心を原点、中心軸を z 軸にとると、点 P の位置ベクトルは $\boldsymbol{r} = (0, 0, z)$ となる。一方、円形電流上の点 Q の位置ベクトルは $\boldsymbol{r}' = (a\cos\phi, a\sin\phi, 0)$ と角度を用いて表せ、点 Q におけるこの円の接ベクトルの方向は $(-\sin\phi, \cos\phi, 0)$ となる。この円形電流を無限個の電流素片に分割し、各々が角度 $d\phi$ の扇形の弧になるようにすると、この扇形の弧の長さは $|\Delta\boldsymbol{s}| = a\,d\phi$ となる。よって点 Q における電流素片は $I\Delta\boldsymbol{s} = Ia\,d\phi\,(-\sin\phi, \cos\phi, 0)$ となる。ここで、$\boldsymbol{r}, \boldsymbol{r}', I\Delta\boldsymbol{s}$ を式 (4-7) に代入して計算すると

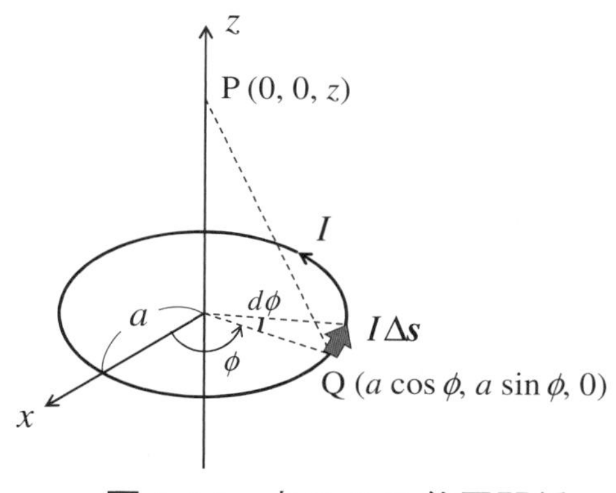

図 4–14　点 P, Q の位置関係

$$\Delta\boldsymbol{B} = \frac{\mu_0}{4\pi}\frac{Id\phi}{(a^2+z^2)^{3/2}}\left(az\cos\phi,\, az\sin\phi,\, a^2\right) \tag{4-8}$$

となる。これは、点 Q にある電流素片が点 P の位置に作る磁束密度を表している。実際には点 P には円上のすべての点の電流からの寄与が重ね合わさるため、それをすべて足しあげる、すなわち $0 \leqq \phi \leqq 2\pi$ で積分すると

$$\int_{\phi=0}^{\phi=2\pi}\Delta\boldsymbol{B} = \int_0^{2\pi}\frac{\mu_0}{4\pi}\frac{I}{(a^2+z^2)^{\frac{3}{2}}}\left(az\cos\phi,\, az\sin\phi,\, a^2\right)d\phi = \left(0,\, 0,\, \frac{\mu_0 a^2 I}{2(a^2+z^2)^{\frac{3}{2}}}\right) \tag{4-9}$$

となる。これが点 P における磁束密度であり、z 軸正の向きを向いていることがわかる。改めて z 軸を x 軸にとりなおすと、確かに式 (4-3) と一致することが確認できる。

(4) 直線電流が作る磁束密度の導出

図 4-15 に示すような有限の長さを持つ区間を流れる直線電流 I が、図の点 P に作る磁束密度も、ビオ・サバールの法則により求めることができる。いま点 P を x 軸上の原点から距離 r の点にとると、点 P の位置ベクトルは $\boldsymbol{r} = (r, 0, 0)$ と表せる。また、電流 I は z 軸に沿って正の向きに流れるとして始点の座標を $(0, 0, z_1)$、終点の座標を $(0, 0, z_2)$ とする。このとき、電流上の点 Q の位置ベクトルは $\boldsymbol{r}' = (0, 0, t)$ と表せる。ただし、パラメータ t の範囲は $z_1 \leqq t \leqq z_2$ となる。この直線電流を各々が長さ dt の電流素片に分割し、点 Q における電流の接ベクトルの方向は $(0, 0, 1)$ となることをふまえると、点 Q における電流素片は $I\Delta\boldsymbol{s} = I\,dt\,(0, 0, 1)$ となる。ここで、$\boldsymbol{r}, \boldsymbol{r}', I\Delta\boldsymbol{s}$ を式 (4-7) に代入して計算すると、

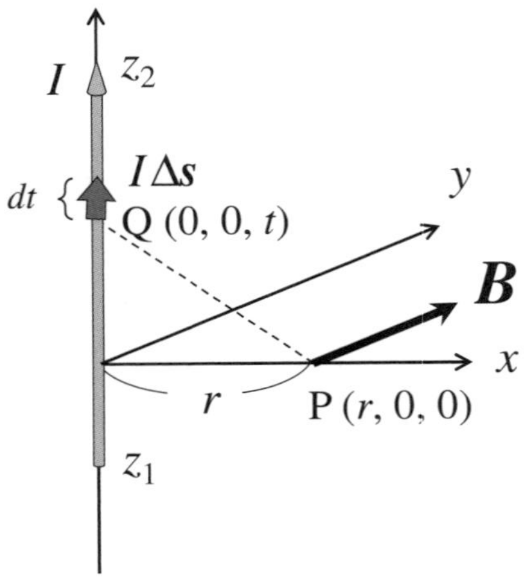

$$\Delta\boldsymbol{B} = \frac{\mu_0}{4\pi}\frac{Idt}{(r^2+t^2)^{3/2}}(0, r, 0) \tag{4-10}$$

図 4-15 点 P, Q の位置関係

となり、磁束密度の向きは y 軸正の向きとわかる。これは、点 Q にある電流素片が点 P の位置に作る磁束密度であるが、実際には線分上のすべての点の電流からの寄与が重ね合わさるため、それをすべて足しあげる、すなわち $z_1 \leqq t \leqq z_2$ で積分すると

$$\int_{t=z_1}^{t=z_2}\Delta\boldsymbol{B} = \int_{z_1}^{z_2}\frac{\mu_0}{4\pi}\frac{I}{(r^2+t^2)^{3/2}}(0, r, 0)\,dt = \left(0, \frac{\mu_0 Ir}{4\pi}\int_{z_1}^{z_2}\frac{1}{(r^2+t^2)^{3/2}}dt, 0\right) \tag{4-11}$$

このとき y 成分の値を計算するため、不定積分

$$F(t) = \int\frac{1}{(r^2+t^2)^{3/2}}dt$$

を考える。いま $t = r\tan u$ と変数変換すると、$dt = \dfrac{r\,du}{\cos^2 u}$ となり、積分定数を無視すれば

$$F(t) = \int\frac{1}{\left(\frac{r^2}{\cos^2 u}\right)^{3/2}}\frac{r\,du}{\cos^2 u} = \int\frac{\cos u}{r^2}du = \frac{\sin u}{r^2} = \frac{\tan u\cos u}{r^2} = \frac{\tan u}{r^2\sqrt{1+\tan^2 u}} = \frac{t}{r^2\sqrt{r^2+t^2}}$$

ゆえに

$$\frac{\mu_0 Ir}{4\pi}\int_{z_1}^{z_2}\frac{1}{(r^2+t^2)^{\frac{3}{2}}}dt = \frac{\mu_0 Ir}{4\pi}\left[\frac{t}{r^2\sqrt{r^2+t^2}}\right]_{z_1}^{z_2} = \frac{\mu_0 I}{4\pi r}\left(\frac{z_2}{\sqrt{r^2+{z_2}^2}} - \frac{z_1}{\sqrt{r^2+{z_1}^2}}\right)$$

となる。特に $z_1 \to -\infty,\ z_2 \to +\infty$ の極限をとると、点 P での磁束密度は

$$\boldsymbol{B} = \left(0, \frac{\mu_0 I}{2\pi r}, 0\right) \tag{4-12}$$

に収束し、確かに式 (4-1) と一致することが確認できる。

(5) ヘルムホルツコイルが作る磁束密度

円形コイルの応用例として、2つの円形コイルを組み合わせたものを紹介しよう。図4-6のように、半径 a の円形コイル2つを中心距離 b だけ隔てて同一軸上に平行に配置する。このように配置されたコイルをヘルムホルツコイルとよぶ。2つのコイルに同方向に電流 I を流した時に中心軸上に作られる磁束密度を考える。中心軸を x 軸、その中点を原点とする座標系をとると、x 軸上の点 P における磁束密度 $B(x)$ は、(4-3) 式を参考にすると、次のようになる。

$$B(x) = \frac{\mu_0 a^2 I}{2}\left[\left\{a^2 + \left(\frac{b}{2}+x\right)^2\right\}^{-3/2} + \left\{a^2 + \left(\frac{b}{2}-x\right)^2\right\}^{-3/2}\right] \tag{4-13}$$

原点付近の磁束密度の強度分布は、この式を $a, b \gg x$ として x のベキ級数に展開すると調べることができる。

$$B(x) = \frac{\mu_0 a^2 I}{\left(a^2 + \frac{b^2}{4}\right)^{3/2}}\left\{1 + \frac{3}{2}\frac{b^2 - a^2}{\left(a^2 + \frac{b^2}{4}\right)^2}x^2 + \left(x^4\text{の項}\right) + \cdots\right\} \tag{4-14}$$

$a = b$ の時、x^2 の係数はゼロとなり、x^4 以上の微小項しか残らない。したがって、2つの円形コイルの中点付近の磁束密度は x に強く依存せず、ほぼ一様となる。特に、原点付近の磁束密度 B は次式で与えられる。

$$B \simeq \left(\frac{4}{5}\right)^{3/2}\frac{\mu_0 I}{a} \tag{4-15}$$

では、磁束密度を以下の手順で実際に計算して、ヘルムホルツコイルを考察しよう。

1. 実験2で用いた円形コイル（巻き数70，コイル半径 $a = 39.0$ mm）2つをコイル間距離 $d = 39.0$ mm で配置したヘルムホルツコイルを考える。式(4-13)を用いて、このコイル対に同じ向きに電流 1.00 A を流した場合の磁束密度を位置 $x = -39.0$ mm から+39.0 mm まで 3.9 mm 間隔で計21点で計算する。多数回計算を行うため、Excel などのソフトの利用を推奨する。

2. 縦軸に磁束密度、横軸に位置 x をとったグラフに計算値をプロットする。このとき、計算値はなめらかな線で結ぶ。計算値およびグラフから、磁束密度が一様になる位置がどこなのか、そして、一様になる条件が何なのかを検討する。

Ⅱ

自然科学総合実験

化　学　編

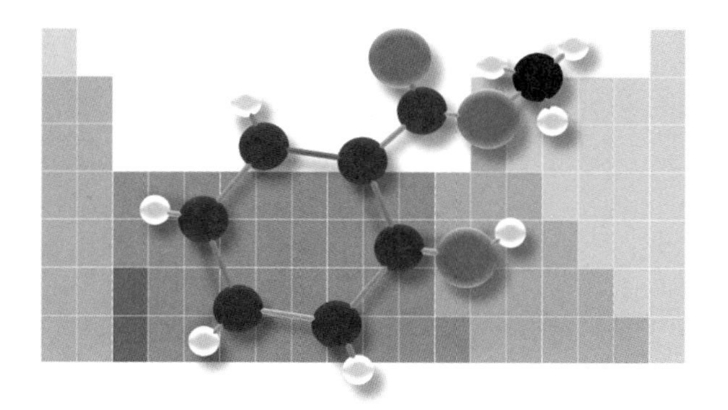

§１．化学実験の概要

1-1　化学実験の目的

化学とは、様々な物質の構造、性質およびその相互作用について探求する学問である。化学においては、我々が認知できる現象（＝マクロな現象）の原因を原子、分子レベル（＝ミクロな現象）に求める。本実習では比較的身近な化学現象を題材に、化学法則の基本を学ぶとともに、化学的思考能力を涵養することを目的としている。また、実習を通して、基礎的な化学物質の取り扱い方、分析機器の使用法などについても学び、実験ノートの記録の仕方、レポートの作成法などについても学ぶ。実験内容は、大学低年次で学ぶ化学の講義とリンクしており、実験を通して化学の興味を引き出すとともに、これら講義の理解をより深めるきっかけになることを期待している。

1-2　化学実験で取り扱うテーマ

化学実験では、２種類の実習を実施する。
§2　炎色反応と原子スペクトル
§3　アセチルサリチル酸の化学合成
なお、選択科目の「基礎科学実習」においては、「ダニエル電池の起電力」「金属イオンの系統分離」というテーマで実験を実施する。

1-3　化学実験の受講にあたっての注意

(1) 実験の円滑な進行および事故防止のため、Moodle 上の指針に従って**必ず予習をしておくこと**。実験指針をよく読み、実験の手順はもとより、関連する基礎的な内容について学習し、十分に内容を理解しておくこと。

(2) **白衣を必ず持参、着用する**（皮膚、服の防護。服への薬品付着で、穴が開く場合もある）。白衣を持参していない場合は実験の受講ができない場合がある。長い髪は束ね（着火するおそれがある）、動きやすい靴を履く。**必ず保護眼鏡を着用する**（アルカリ等の薬品が目に入った場合、失明の恐れがある。実験室で貸し出すものを使用）。始業後すぐに、担当教員が安全上の注意および実験内容の講義を行う。遅刻した場合は担当教員に申し出た上、個別に事前説明を受けてから実験に取りかかること。

(3) 実験途中の観察結果や実験結果は、専用の実験ノートに出来るだけ詳細に記録する。

(4) 火の取り扱いには十分注意し、担当教員の指導に従うこと（炎色反応でのメタノール溶液の着火や化学合成での水浴用ガスバーナーの利用など）。

(5) 実験器具の使い方や廃液の処理法については、教員の指示を守ること。わからない場合は自分で判断せず、教員または TA の指示を仰ぐこと。また、次に実験する人のために、実験終了後は器具をきれいに洗浄し、TA 及び技術職員に片付けのチェックを受けてから実験室を退出すること。

(6) 個人実験台番号（＝座席番号）は、化学実験室前の掲示を確認すること。Moodle コース内の予習資料で片付けや実験終了の時間を確認し、それまでに操作を完了できるように時間を管理しながら実験を進めること。退出時刻までに片付けを完了し、速やかに退出すること。

1-4　実験記録およびレポートの書き方

(1)　[予習]

1. テキストおよび Moodle にアップロードされた予習の指針を熟読し、実験の目的を簡潔に要約するとともに、当日行う実験操作を箇条書きにノートに書き写す。その際、図 1-1 のように結果を書き込むためのスペースを空けておくこと。

(2)　[実験記録]

1. 実験記録は、その実験をしていない人が読んでも理解できるように書く。
2. 実験結果は、**ボールペン等の消えない筆記具を使って記入する**。訂正する場合は消す前に何が書いてあったか読めるようにする。特に、テキストの指示から値等を変更した場合は必ず訂正すること。
3. 単位を明記する。
4. 実験日を明記する。室温、天候などもできるだけ記入する。

実験前（予習）

化学第２回実習　アセチルサリチル酸の化学合成

【操作 A】
① 電子天秤でサリチル酸を 0.50g 計りとり試験管に加える。
② ①に無水酢酸 1 cm^3 とリン酸 1 滴を加える。

【操作 B】
③ 新しい試験管にメタノール 1 cm^3 と $Fe(NO_3)_3$ 溶液 1 滴を加える。
④ マイクロスパーテルの先端に②を少量つけ③に移す。
⑤ ④は教員チェックのため、中身を廃棄せず試験管立てに保管する。

【操作 C】
⑥ ②を水浴で 10 分加熱する。2,3 分毎にスパーテルで撹拌する。

⇒

実験後（実験記録）

化学第２回実習　アセチルサリチル酸の化学合成

【操作 A】
① 電子天秤でサリチル酸を ~~0.50g~~ 計りとり試験管に加える。　**→0.487g、白色の粉**
② ①に無水酢酸 1 cm^3 とリン酸 ~~1 滴~~を加える。
→２滴、添加後は無色溶液に白色沈殿

【操作 B】
③ 新しい試験管にメタノール 1 cm^3 と $Fe(NO_3)_3$ 溶液 1 滴を加える。**→黄色になった**
④ マイクロスパーテルの先端に②を少量つけ③に移す。　**→黄から紫になった**
⑤ ④は教員チェックのため、中身を廃棄せず試験管立てに保管する。

【操作 C】
⑥ ②を水浴で 10 分加熱する。~~2,3~~ 分毎にスパーテルで撹拌する。　**→２分**
→開始後は溶け残りあり、２分後の撹拌で溶解

図 1-1 実験ノートの書き方

(3)　[レポート]

研究や実験は、論文やレポートにまとめ他の研究者に有益な情報として伝えることで初めて完了したことになる。レポートが提出されない実験は、実験自体が行われなかったことに等しい。以下にレポートを書く上で注意すべき点をまとめた。レポート作成に取り組む前に熟読しておくこと。なお、レポートは指定の Word の書式を利用して作成し、Moodle コース内のレポート提出先に指定の期限までに提出すること。

【レポート作成上の一般的なルール】

・本、他人のレポート等の丸写しは絶対しない

全ての著作物には著作権があり、これを勝手に使用してはならない。ただし、学術論文を作成する際には、他の研究者の論文や著作を参照することは避けられない。自分の研究と他者の研究との位置付けを明確にするためには、積極的に他の論文との関係を明示する必要がある。この際は、関連する箇所に符号をつけ、必ず「参考文献」の項目に記載する。参考文献は他の研究者に情報提供を行うという意味でも重要である。今回のレポート中に、もし上記のような情報を記載する場合には必ず、出典を明記すること。当然のことであるが、他人のレポートや過去のレポートを書き写すことは禁止である。

・「感想」や「反省」は書かない

レポート・論文は科学的な文章であり、感想や反省を述べる場ではない。実験事実に対する考察と、自身の感想・反省は区別されなければならない（例えば、「実験がうまく行かなかったので、実験は難しいと思われた」などは感想とみなすが、「…の実験で予想された結果が得られなかった。これは～のところで試薬を過剰に加えすぎたためであると思われる。」であれば科学的な推論である、とみなす）。 また、単に疑問や質問、化学反応式などを列挙するだけでは考察とはいえない。観察結果や実験結果の科学的な意味づけや、実験の意義、実験結果から推察されること、この実験結果を基にした展望などを書くこと。もし、実験がうまくいかなかったとしても、失敗の原因を分析して考察に記述することができる。

・実際に行った実験方法と実験結果を書く

実験で自身が行った実験方法と、得られた結果を詳細に書くこと。テキストには記載があるが、自身で行っていない実験を書くのは無意味である。レポートは報告書である。テキストはあくまで指南書であり、実際の実験ではテキストからの変更点などが出てくるはずである。自身の行ったことをその通りに記述すること。レポートで重要なのは「再現性」である。再現性を保証するため、全ての材料や条件（時間、温度、試薬量や実験器具の使用条件など）を正確に記述すること。

・時制と文体に注意する

レポートや論文を書く際、時制に注意すること。例えば、実験方法、結果は、既に過去の事実なので過去形で書かれるべきである。考察は書いている時制にあわせて、主に現在形で記述する。またレポート・論文は、常体（「だ・である体」）で記述し、敬体（「です・ます体」）は用いない。また、レポートは完全な文章で書くことが望ましい。箇条書きなどの使用は極力控えることが望ましい。

・図表には表題（説明文）をつける

図表には、図番号または表番号と表題をつけること。文中にはその図を引用する所に図表番号を表示すること。表の場合は、表の上部に表題を、図（グラフやイラストなど）の場合は、図の下部に表題を記載するのが一般的である。表には普通説明文はつけないため、明確なタイトルをつけること。脚注などがあれば表の下部に記載する。図の説明文は図のタイトルの後ろに、なるべく簡潔に記載する。

・実験材料・単位の記述法、有効数字の取り扱い

実験の再現性を担保するために、実験手法の正確な記述は勿論のこと、材料や試薬等も正確に記述する。濃度などを正確に記述することはもちろん、単位の記述の仕方にも留意すること。数値と単位の間は半角空けるが、例外的に℃と%と数値の間は空けない。（例：（半角空）1_cm^3、1_g、1_mol・dm^{-3}　（半角無し）1℃、1%）

また、数値計算をする場合は、必ず計算式を記し、有効数字の取り扱いをよく考えて、意味のない数値を殊更に並べることの無いように注意すべきである。この実験指針では、科学のほとんどの分野で国際的に採用されることが望まれている国際単位系 (Systéme International d'Unités; SI) に属する単位を用いている。SI 単位系は、基本単位とその積または商の組み合わせによりつくられた誘導単位からなる。なお、体積は長さの 3 乗として表すことができるので、一般によく用いられる L(リットル)は、SI 単位としては採用されていない。L の代わりに 10^{-1} を表す接頭語 d(デシ)と長さの単位 m を組み合わせて dm^3 が用いられ、mL の代わりに cm^3 が用いられる。物質の濃度としての 1 mol / L は、1 mol dm^{-3} と等しいことになる。

・レポートだけを読んで相手に伝わるように書く

レポートはそれだけで完結した実験報告でなければならない。「テキストの通り実験を行った」、「結果はテキストの通りであった」などの記述は行わず、テキスト通りであってもその内容を具体的に記述する必要がある。参考文献も読み手がより深く知りたい場合の参考として載せるものであって、引用した内容はある程度記載する必要がある。なお、本テキストは参考文献とはなり得ないので注意すること。

1-5　その他の一般的注意事項

(1)　成績について

成績の評価は、出席、レポート、平常点の合計により行うので、出席して実験を行い、レポートを毎回提出しなければならない。必ず予習を行い、あらかじめ実験操作をイメージしておく。実験が終了したら担当教員に結果を報告し、片付け後に許可を得てから退室する。

(2)　安全対策・事故防止

薬品や機器の取り扱いには十分気を配り、注意して実験すること。もし事故が起きたときには近くにいる人が直ちに手助けし、担当教員や技術員に連絡する。ガラス器具を破損したり、機器に異常を認めたりした場合は速やかに教員に届け出る。**実験室内での飲食および喫煙は、禁止**である。また、実験室の薬品は毒物・劇物が数多く、人体・環境に対して危険性を有するため絶対に実験室外に持ち出してはならない。薬品の持ち出しは、法律に抵触する。

- 薬品などが目に入った場合：直ちに大量の水で洗い、周囲の人が担当教員に連絡する。
- 熱湯がかかった場合：衣服等は無理に引きはがさずそのまま水道水をかけて冷やす。

(3)　整理整頓について

事故防止のために実験台の上には不要な物を置かない。薬品を使用、補充するときはラベルを確かめ、他の薬品を絶対に混入させてはならない。実験終了後は、器具を洗浄し、元の場所に確実にもどしておく。ガス、水道の元栓を確実に締めておくこと。

(4)　廃液及び固形廃棄物の処理について

実験室の排水管は、一般の下水道に直結しており、実験廃液をそのまま流しに捨てると環境汚染の原因となる。そのため、九州大学などを含めた研究教育機関からの実験廃水は、水質汚濁防止法および関連法規により規制されている。授業でも説明するので聞き漏らすことのないようにすること。**処理法がよく理解できない場合は自分勝手に判断せずに担当教員に尋ねること**。以下、処理法について解説するので、実験前に必ず目を通しておくこと。

①　<u>廃液の分類</u>

排水の処理技術上、実験廃液を次の**(a)**、**(b)**、**(c)**、の３種類に分ける。

(a)　一般重金属を含むもの

(金属イオンの系統分離、ダニエル電池の起電力　いずれも基礎科学実習)

(b)　上記のイオンを含まない酸性またはアルカリ性溶液 (pH 5 以下または pH 9 以上)

(§2　炎色反応と原子スペクトル)

(c)　有機溶媒を含むもの

(§3　アセチルサリチル酸の化学合成)

②　<u>実験室での廃液の扱い方</u>

上記(1)のうち、(b)の廃液は適当なアルカリ(Na_2CO_3 や $NaHCO_3$ など)や酸で中和した後、そのまま流しに捨ててよい。したがって、§2　炎色反応と原子スペクトルで生じた廃液は、教卓横の青いポリバケツに回収し、実験室内で中和する。中和用のアルカリや酸は別に用意してある。

(a)の一般重金属を含む廃液は、黄色いテープを巻いたポリエチレン製角瓶（全体貯留瓶）が実験室に用意してあるので、それに必ず捨てること。

(c)の有機系廃液は、(a), (b)の水系の廃液とは分別する必要がある。こちらも専用のポリエチレン製角瓶が用意されているので、これに回収する。

各実験台にはその都度指定された一時廃液貯留瓶が用意されているので、説明をよく聞き、その瓶に溜めておく。廃液が一杯になった、または実験が終了した際には、一時貯留瓶の中身を指定された容器に移すこと。一時廃液貯留瓶はその目的以外で使用することはないので、使用後の洗浄操作は不要である。

なお、自然科学総合実験では取り扱わないが、金属イオンの系統分離の実験で生じるろ過綿上の不用な重金属の沈殿は、必ずろ過綿とともに机上の綿くず入れに捨て、廃液貯留瓶に入れてはならない。全体貯留瓶、一時貯留三角フラスコには、紙くず、綿くずなどを捨ててはならない。排水処理施設における処理の際に支障をきたすからである。

③　固形廃棄物の分類と処理

実験室から出るごみを減らすことは当然重要なことであるが、固形廃棄物の再資源化と有害廃棄物の安全な処理を念頭において、間違いのないように分別して廃棄すること。分別回収には一人一人の協力が必要である。化学実験室には、教室前方にごみ捨て場所があり、可燃物を入れるための容器と不燃物（硬質ガラス製実験器具、蒸発皿や磁製平皿、金属くず）を入れるための容器が置いてある。さらに、可燃物と不燃物それぞれに関して、化学物質の付着の有無によって分別されている。廃棄の方法が分からないものに関しては担当教員の指示を仰ぐこと。

(5)　化学実験に用いる水について

水道水は河川水や地下水から濁りや臭気成分を取り除き、滅菌したものであるので、種々のイオンを含んでいる。したがって水道水をそのまま実験用の水として用いることはできない。実習にはそれらのイオンを除去した純水を用意する必要がある。純水の製造法にはいくつかあるが、本実習ではイオン交換水を用いる。イオン交換水は、水をイオン交換樹脂カラムに通すことによって得られる。水の精製に使われる主なイオン交換樹脂には、H^+型の強酸性陽イオン交換樹脂とOH^-型の強塩基性陰イオン交換樹脂がある。その構造を図 1-2 に示す。これらの樹脂は、スチレンとジビニルベンゼン (DVB) の共重合体で、DVB がポリスチレンの鎖に架橋した網目構造をもつ。

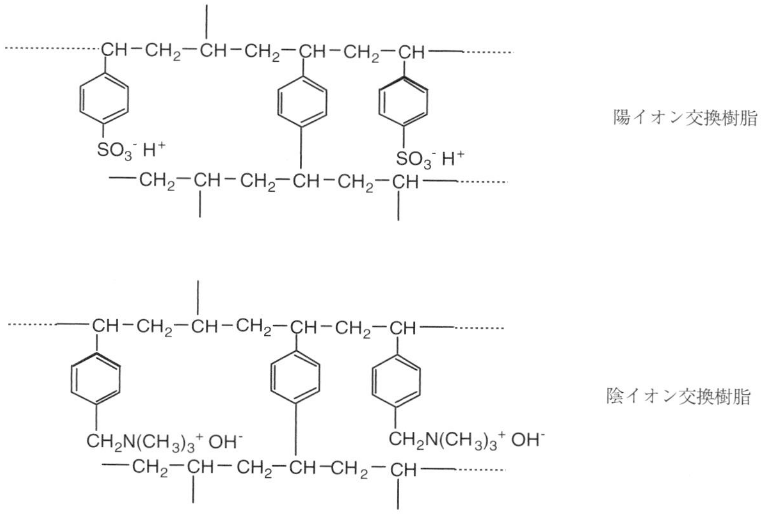

陽イオン交換樹脂

陰イオン交換樹脂

図 1-2　イオン交換樹脂の構造 (模式図)

陽イオン交換樹脂ではスルホ基の水素イオンが他の陽イオンと、一方陰イオン交換樹脂では第 4 級アンモニウム基の対イオンである水酸化物イオンが他の陰イオンとそれぞれイオン交換できる。たとえば海水の脱塩には、原理的には陽イオン交換樹脂層と陰イオン交換樹脂層とを順に通せばよいことになる。そのほか、水道水に含まれる各種イオンも同様に交換されて、イオン交換水が得られる。

このような処理を経て得られたイオン交換水が、各実験台の洗瓶に充填されている。イオン交換水は上記のように、特別な処理を施した水であり、当然ながらコストがかかっているため、実験の際はできるだけ使用量を抑える。

§2．炎色反応と原子スペクトル

2-1　はじめに

夏の夜空を飾る花火には、赤、黄、緑、青などさまざまな色がついている。これらの色を出すために、ストロンチウム、ナトリウム、バリウム、銅の化合物がそれぞれ用いられる。これは、高温において原子状態の金属元素から電磁波が放出される現象であり、炎色反応としてよく知られている。一方、表面温度が約 6000 K の太陽から放出される光をプリズムに通して白いスクリーンに投影すると、白色光が虹の七色に分かれるのを観察することができるが、このスペクトルをさらに詳しく調べてみると、とびとびに暗い部分（暗線）が認められる。その代表的な暗線の波長は 589 nm である。この波長の電磁波は黄色で、ナトリウムの炎色反応で観察される輝線と一致する。これは、太陽大気中に存在するナトリウム原子によってこの波長の光が吸収されるためである。このように、ある元素が原子の状態で存在すると、その元素に特有のある特定の波長の電磁波を放射あるいは吸収する現象が観測される。

2-2　炎色反応と原子スペクトル

中性の原子には、原子核にある陽子数と同じ数の電子が存在する。原子核の周りの電子は、原子核に近いところから K 殻、L 殻、M 殻、…と呼ばれる殻（電子殻）に存在する。電子のエネルギーは、K 殻に存在する電子が一番低く、L 殻、M 殻の順に増加する（不安定になる）。また、同じ殻には s 軌道、p 軌道、d 軌道と呼ばれる軌道が存在し、一般的にこれらの順にエネルギーは増加する。ただし、K 殻には s 軌道（1s 軌道）だけが、L 殻には s 軌道（2s 軌道）と p 軌道（2p 軌道）が、M 殻には s 軌道（3s 軌道）、p 軌道（3p 軌道）および d 軌道（3d 軌道）が存在する。また、s 軌道、p 軌道、d 軌道にはそれぞれ 1、3、5 個の同じエネルギーの軌道が存在し、それぞれの軌道には最大 2 個の電子が収容される。図 2-1 に示すように、電子殻や軌道のエネルギーは、連続的ではなくとびとびの値をもつ。また、図 2-1 にエネルギー的に最も安定な状態である基底状態の Na の 11 個の電子の電子配置を模式的に示している。この基底状態の電子配置では、(2-1) 式で示したように M 殻の 3s 軌道に 1 個の電子が存在する。このほかの電子配置はすべてエネルギー的に不安定な状態（励起状態）で、基底状態にもっとも近い励起状態は、3s 軌道の電子が 3p 軌道に移った状態に対応する。

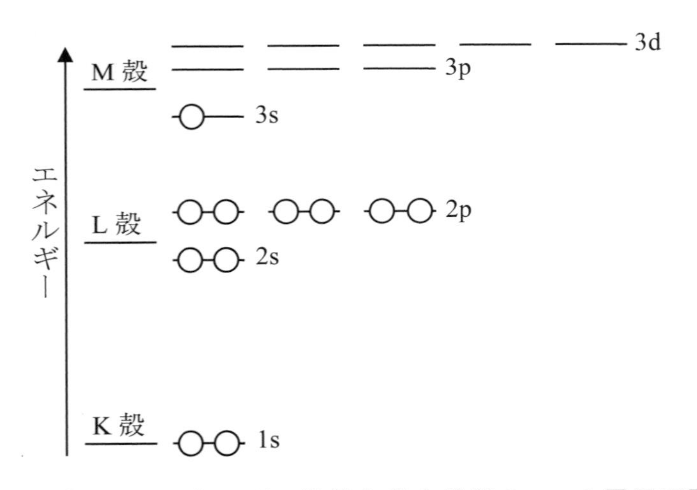

図 2-1　エネルギー準位と基底状態の Na の電子配置
（○は 1 個の電子を表す）

基底状態 E_0　　$(1s)^2(2s)^2(2p)^6(3s)^1$　　(2-1)

励起状態 E_1　　$(1s)^2(2s)^2(2p)^6(3p)^1$　　(2-2)

いま (2-1) 式で示される基底状態でE_0のエネルギーをもつ原子が (2-2) 式で示されるように最外殻電子が 3s 軌道から 3p 軌道に励起され、E_1のエネルギーをもつようになるとする（右肩の数値はその軌道に存在する電子数を表す）。原子が複数のエネルギー状態をとり得る時、それぞれのエネルギー状態にある原子数の分布は、温度と励起エネルギー（低いエネルギー状態から高いエネルギー状態に移るのに必要なエネルギー；$\Delta E = E_1 - E_0$）に依存する。**表 2-1** に、励起エネルギーの異なる Na と Ca について、1000 K と 3500 K において励起状態にある原子数と基底状態にある原子数の比を示した。ほとんどの原子が基底状態で存在するものの、温度が高くなると励起状態にある原子数が増えることがわかる。いったん励起状態になった原子は 10^{-8} s の短い時間ですみやかに基底状態に戻り、その際に励起エネルギーに相当するエネルギーを電磁波として放出する。このうち可視光領域の電磁波として放出されるものが炎色反応である。なお、実験に用いるメタノールを燃焼する際の炎の温度は約 1000 K であり、フレーム分析－原子吸光分析装置に用いられる、空気－アセチレンバーナーの炎の温度は約 3500 K である。

表 2-1　基底状態および励起状態の原子数比

元素	励起波長 (nm)	励起状態原子数 / 基底状態原子数 1000 K	3500 K
Na	589.0	2.5×10^{-11}	9.3×10^{-4}
Ca	422.7	1.7×10^{-15}	6.0×10^{-5}

原子が励起状態から基底状態に戻るときに放出されるエネルギーは、(2-3) 式で示されるように、2 つの状態間のエネルギー差と等しいものに限定される。また、そのエネルギーの授受は電磁波を通じて行われることが普通である。

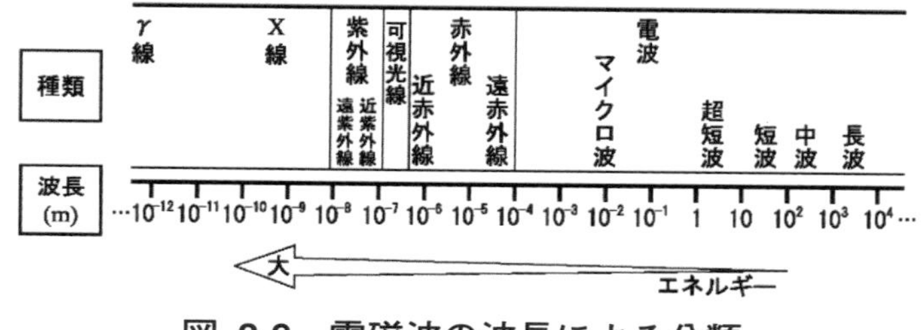

図 2-2　電磁波の波長による分類

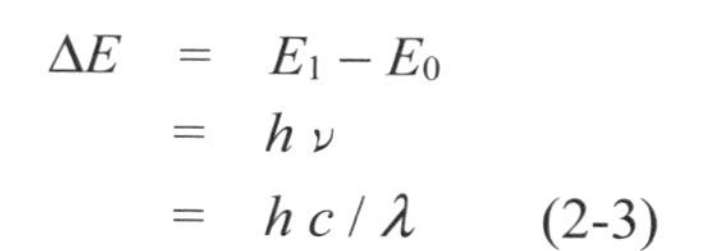

$$\begin{aligned} \Delta E &= E_1 - E_0 \\ &= h\nu \\ &= hc/\lambda \qquad (2\text{-}3) \end{aligned}$$

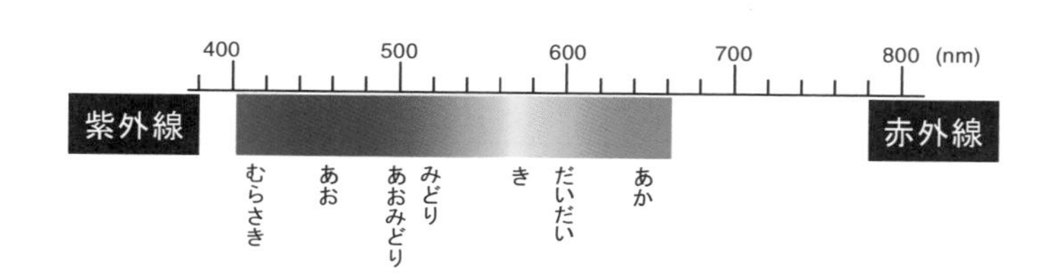

図 2-3　可視光領域の電磁波の波長と色の関係

ここで h はプランク定数 (6.62608×10^{-34} J s)、ν (s^{-1})、c (2.99792×10^{8} m s^{-1}) およびλ (m) はそれぞれ電磁波の振動数、速度と波長を表す。ΔE の値はそれぞれの元素により異なるため、それぞれの元素に特有の炎色反応が観測されることになる。

(2-3) 式から分かるように、電磁波のエネルギーは、その波長と直接関係している。ところで、電磁波は波長によって分類することができる（図 2-2）。その中で、励起された原子から放出される電磁波の強度と波長の関係を示す原子スペクトルは、紫外～可視域において不連続にとびとびの輝線として観測される。図 2-3 は可視光領域に関して電磁波の波長と色との関係を示したものである。

実験に用いた 5 種の塩化物溶液の発光スペクトルを図 2-4 に示した。縦軸はそれぞれの波長における電磁波の強度を相対的に示したものである。基底状態にもっとも近い励起状態から基底状態に戻る際に放出されるエネルギーが、それぞれの元素に特有の鋭いピークの輝線スペクトルを示していることがわかる。ただし、Ca や Sr では、これらの線幅の狭い原子スペクトル以外に幅広い発光スペクトルが観測され、これらがそれぞれの元素の炎色反応として特徴づけられている。この幅広い発光スペクトルは、炎の中で生成した CaO や SrO のような 2 原子分子等によるものである。

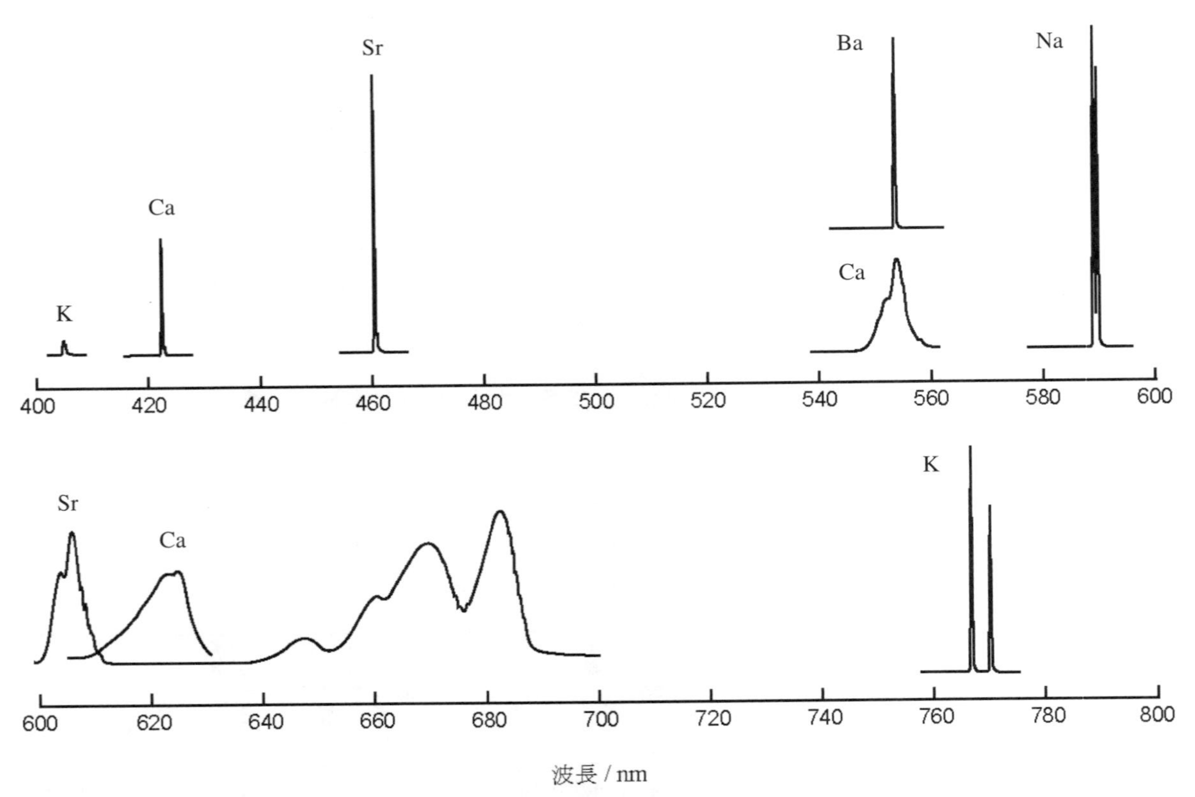

図 2-4　塩化物水溶液の発光スペクトル
0.001 mol dm^{-3} NaCl、KCl；0.01 mol dm^{-3} $CaCl_2$、$SrCl_2$；0.02 mol dm^{-3} $BaCl_2$

表 2-2 各種定数の名称及び数値

記号	名称	数値
$\boldsymbol{h}$	プランク定数	6.62608×10^{-34} J s
$\boldsymbol{\nu}$	振動数	
$\boldsymbol{c}$	真空中の光速度	2.99792×10^{8} m s^{-1}
$\boldsymbol{\lambda}$	波長	
$\mathbf{N_A}$	アヴォガドロ数	6.02214×10^{23} mol^{-1}

2-3　実習

実験器具は隣り合う２名で共用し、共同で一つの実験を行う。空いた時間には原子スペクトルの解析演習を行う。以下の説明では２名で使用する分の試薬量を記載してある。なお、並行して原子スペクトル測定も行うので、呼ばれた者はるつぼにフタをかぶせて確実に消火した後、配布プリント・ノート・筆記用具を持って測定室に速やかに移動すること。

【実験-1】　炎色反応によるアルカリ金属イオンおよびアルカリ土類金属イオンの確認

I) 試薬

0.79 mol dm^{-3} LiCl メタノール溶液、飽和 NaCl メタノール溶液（上澄み）、飽和 KCl 含水メタノール溶液（上澄み）、 0.9 mol dm^{-3} $CaCl_2$ 含水メタノール溶液、0.11 mol dm^{-3} $SrCl_2$ 含水メタノール溶液、飽和 $BaCl_2$ 含水メタノール溶液（上澄み）、メタノール

*含水メタノールはメタノール：水 =4:1 で混合してある。

*無機塩溶液は全て教卓に準備してあるので、そこから分注すること。

II) 器具

るつぼ、るつぼフタ、るつぼバサミ、難燃性シート、直視分光器、メタノール用ポリ瓶、メタノール用 1 mL ピペット、

III) 操作

実験を開始する前に使用するるつぼやピペットをよく洗浄し、イオン交換水で数回リンスしておくこと。実験開始前の洗浄廃液に関しては流しに直接捨てて構わない。

教卓にある塩の溶液を備え付けのスポイトで 2 mL るつぼにとる*。難燃性のシートの上にるつぼを置き、チャッカマンで点火する。炎色を目視および直視分光器で観察する。炎が消えるまでに十分に観察できなかった場合、メタノールを 1 mL だけるつぼに追加し、再度点火し炎の様子を観察する。（るつぼの温度が低いままだと安定した炎が得られない場合がある。2 度目の点火ではるつぼの温度は十分に高くなっている。）メタノールを追加する際には、るつぼ壁面に析出した無機塩を溶かす様にして加える。観察を終えたら、新しいるつぼを用意し、塩の種類を変え炎色反応の実験を進める。指定された種類の無機塩に関して実験を行う。

*複数の試薬を分注する際には、互いの試薬が別の試薬で汚染されること（クロスコンタミネーション）を防がなくてはならない。そのため、スポイトで容器に試薬を分注する際は、スポイトの先を容器の口より上に持っていき、容器とスポイトが接触しないように注意しなければならない。

【実験-2】　原子スペクトル測定によるアルカリ金属およびアルカリ土類金属イオンの確認

I) 試薬溶液

0.001 mol dm^{-3} NaCl、0.01 mol dm^{-3} $CaCl_2$、0.01 mol dm^{-3} $SrCl_2$、0.02 mol dm^{-3} $BaCl_2$ 水溶液

イオン交換水

II) 装置

フレーム分析－原子発光分析装置

III) 操作

波長設定つまみを回して、測定開始波長を**表** 2-3 の波長に設定する。イオン交換水の入ったポリエチレン製瓶につかった細いテフロンチューブの先をとりだし、金属イオンを含む溶液の中に入れる。レコーダーのスイッチと波長駆動スイッチを同時に ON にし、スペクトルを記録する。

表 2-3　原子スペクトル測定の条件

溶液	測定開始波長 / nm	測定終了波長 / nm
$CaCl_2$	417.9	425.9
$SrCl_2$	457.6	465.6
$BaCl_2$	549.1	556.1
NaCl	586.2	593.2

*装置の操作は技術職員が行い、グループごとに実験の様子を観察する。また、時間の都合上、観察は 1 元素のみで行う。レポートには実験が再現できるよう、操作をきちんと記述すること。また、実験データは実験後に配布されるチャート用紙に記載されたすべての元素について言及すること。

2-4　レポートについて

テンプレート（**九州大学 e-Learning System: Moodle 上にアップロード**されており、詳細は講義時間中に指示する）に従い、必要事項を記入の上、Moodle コース内のレポート提出先に指定の期限までに提出すること。テンプレートには、各項目で最低限述べるべきポイントについて記載されているが、それ以外に気づいた点、調べた点があれば積極的に記述すること。

2-5　参考図書

(1) 物質の世界、中山正敏、淵田吉男　編、九州大学出版会（1998）
(2) 化学　－基本の考え方 12 章－、中田宗隆、東京化学同人（1994）
(3) 分析化学（化学入門コース 7）、梅澤嘉夫、岩波書店　（1998）
(4) 分析化学、赤岩英夫　他、丸善　（1991）
(5) 機器分析のてびき(3)　第 2 版、泉美治　他監修、化学同人（1996）
(6) 色はどうして出るの、西本吉助、綿谷千穂、裳華房（1991）

§3．アセチルサリチル酸の化学合成

3-1 序論

アセチルサリチル酸は、抗炎症作用や解熱作用などを持ち、医薬品のバファリンやケロリンの有効成分である。その薬効は、紀元前5世紀から用いられており、Hippocratesが天然の柳の樹皮から抽出される薬効成分について書き残している。その後の研究で、抽出物に含まれるサリシンから、体内で有効成分であるサリチル酸が生成されていることがわかった。この発見により、サリチル酸は抗炎症剤や鎮痛剤として用いられたが、胃粘膜への強い刺激が副作用としてあるため、問題であった。その後、1853年にCharles Frédéric Gerhardtが、より副作用の少ないアセチルサリチル酸の化学合成に成功し、1899年にドイツのBayer社が、商標名アスピリンとして販売し始めた。現在でも、年間約5万トンのアスピリンが製造され、我々の生活に欠かせない医薬品となっている。

多くの医薬品の有効成分は、有機化合物である。所望の有機化合物を得るためには、有機合成化学の知識が不可欠である。天然の有効成分も知られているが、その抽出量は限りがある。このような背景から、有機合成化学は、現在の医薬品の安定供給に大きく貢献してきた。医薬品の合成過程では、化学反応を用いて分子間の結合を形成、或いは切断する。その化学反応を効率良く進行させるために、触媒は重要な役割を担う。今回の実験で、触媒を用いてアセチルサリチル酸の化学合成に取り組み、有機合成化学の基本的な知識と操作を学ぶ。

3-2 背景

1）有機化合物の構造

有機化合物は、炭素（C）原子を含む化合物で、多くは水素（H）、酸素原子（O）、窒素（N）、リン（P）、硫黄（S）原子を含む。有機化合物を構成する原子同士は、共有結合により結びついている。例えば、メタン（CH_4）、メタノール（CH_3OH）、酢酸（CH_3COOH）の構造式を図3-1に示す。有機化合物は、分子の価電子を点で表すLewis構造式を用いて示すことができる（図3-1左）。完全なLewis構造式では全ての価電子を示すが、有機化学では、結合に関わる電子を線で表したり、メチル基（CH_3）やヒドロキシ基（OH）のように表したり、結合に関わらない電子（非共有電子対）を省略して、簡略した構造式で示すことが多い。

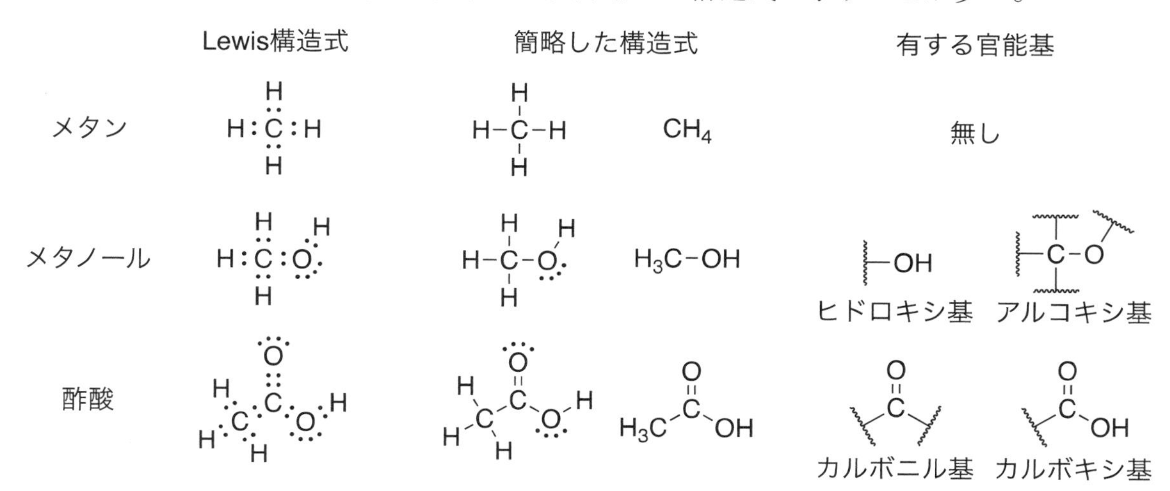

図 3-1 有機化合物の構造式と官能基

分子の反応性や機能に影響する原子集団を官能基という（図 3-1 右）。例えば、メタノールに含まれるヒドロキシ基（OH）やアルコキシ基（OR、R は炭化水素を指す）、酢酸に含まれるカルボニル基（C=O）やカルボキシル基（CO_2H）が、官能基である。また、ヒドロキシ基を持つ化合物をアルコール（ROH）、カルボキシ基を持つ化合物をカルボン酸（RCO_2H）と呼ぶ。

一方、ベンゼンは、環構造を有する有機化合物である（図 3-2）。有機化学では、ベンゼン環を kekulé 構造で示すことが多い。今回の実験で用いるサリチル酸もベンゼン環を有し、ベンゼン環はヒドロキシ基とカルボキシ基の 2 つの官能基と結合している。

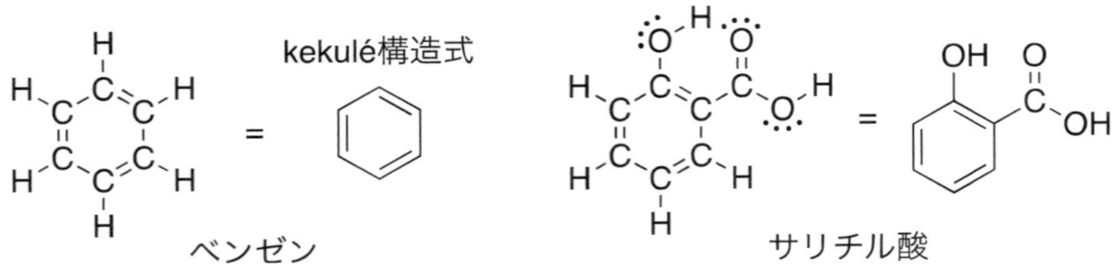

kekulé構造式

ベンゼン　　サリチル酸

図 3-2 ベンゼンとサリチル酸の構造式

2）エステル化反応

エステルは、カルボン酸のようなオキソ酸のヒドロキシ基（OH）の代わりにアルコキシ基（OR）が結合した化学物質である。通常、エステルはカルボン酸エステルを指し、カルボン酸（又はカルボン酸誘導体）とアルコールからエステル化反応によって合成される。今回の実験では、サリチル酸のヒドロキシ基と無水酢酸のカルボニル基が反応してエステルが生成する（図 3-3）。

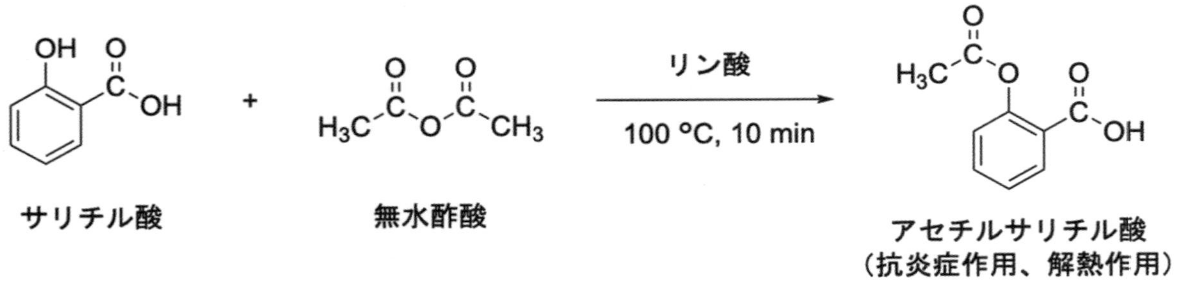

サリチル酸 + 無水酢酸 →（リン酸、100 °C, 10 min）アセチルサリチル酸（抗炎症作用、解熱作用）

図 3-3 リン酸を触媒に用いるアセチルサリチル酸の化学合成

今回のエステル化反応では、付加–脱離機構を経て、無水酢酸のカルボニル基に結合している基が置き換わっている（図 3-4）。この時、置換する基を求核剤、置換される基を脱離基と呼ぶ。今回の場合、サリチル酸が求核剤、無水酢酸の酢酸イオンが脱離基である。付加段階では、サリチル酸のヒドロキシ基の酸素原子と無水酢酸のカルボニル基の炭素原子の間に、新しい共有結合が形成され、反応中間体が生成される。その後、脱離段階で、この反応中間体から酢酸が脱離し、生成物が得られる。

この反応では、リン酸の水素イオン（プロトン）が酸触媒として働く。付加段階で、プロトンは無水酢酸のカルボニル酸素に付加し、サリチル酸によるカルボニル炭素への付加段階を促進する。その後、脱離段階ではプロトンの授受を経て反応中間体から酢酸が脱離し、最後にプロトンが脱離して触媒が再生されるとともに目的のアセチルサリチル酸が生成する。

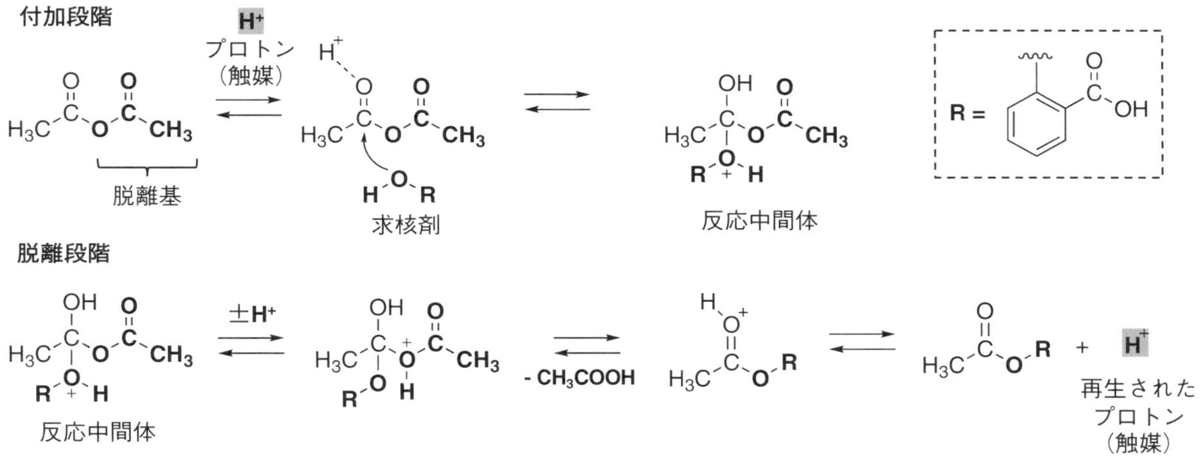

付加段階

H^+ プロトン（触媒）

$H_3C-C(=O)-O-C(=O)-CH_3$ ⇄ $H_3C-C(=O^+H)-O-C(=O)-CH_3$ ⇄ $H_3C-C(OH)(O^+(H)R)-O-C(=O)-CH_3$

脱離基　求核剤 $H-O-R$　反応中間体

R = （2-カルボキシフェニル基）

脱離段階

反応中間体 ⇄ ($\pm H^+$) ⇄ (- CH_3COOH) ⇄ $H_3C-C(=O^+H)-O-R$ ⇄ $H_3C-C(=O)-O-R$ ＋ H^+

再生されたプロトン（触媒）

図 3-4 本実験のエステル化反応の付加-脱離機構

3）触媒作用

触媒は、化学反応の反応速度を増大するが、反応の前後でそれ自身は変化しないものである（図 3-4）。化学反応は、出発物から不安定な遷移状態を経て、生成物に至る（図 3-5）。多くの場合、中間体を経て、段階的に反応が進行する。反応の過程で、最も活性化エネルギーの高い遷移状態を経る段階が、その化学反応の反応速度を支配し、律速段階という。触媒は、律速段階の遷移状態を安定化し活性化エネルギーを下げる、又は反応経路そのものを変える働きがあり、その結果、化学反応が促進される。今回のエステル化反応では、付加段階が律速段階であり、塩基触媒によって律速段階の活性化エネルギーが下がり、反応が円滑に進行するようになる。有機合成化学において、触媒は極めて重要な役割を担うため、これまでに様々な触媒が開発されてきた。今回の実験では、触媒を添加することで目的化合物の収量が向上することを確認する。

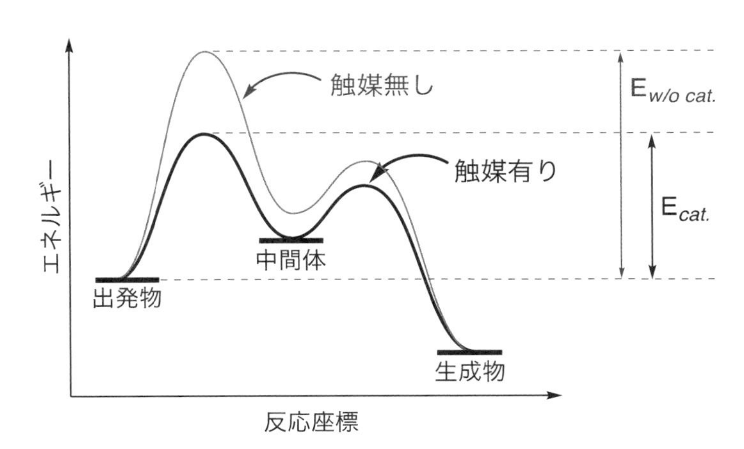

$E_{cat.}$: 触媒有りの反応の活性化エネルギー
$E_{w/o\ cat.}$: 触媒無しの反応の活性化エネルギー

図 3-5 触媒反応の活性化エネルギー

3-3　実習

実験目的

本実験では、サリチル酸と無水酢酸を原料に用いて、医薬品の有効成分であるアセチルサリチル酸を化学合成することを目的とする。反応を促進させるために、リン酸を触媒として添加し、高収率を目指す。

試薬、器具

I) 試薬
実験試薬：サリチル酸、リン酸（H_3PO_4, 85%）、無水酢酸（教室中央窓側の台上）

検出試薬： **$Fe(NO_3)_3$ 溶液（0.1 mol dm^{-3}**、教室中央廊下側の台上）

洗浄用試薬： メタノール（実験台）

II) 器具
試験管、スポイト、マイクロスパーテル、水浴用ビーカー（金属製）、氷浴用ビーカー（ガラス製）、プラスチック製漏斗、三脚、金網、ガスバーナー、円形濾紙（3 枚）、廃液溜め、三角フラスコ

実験操作

[準備]
実験器具を実験台に配置し、イオン交換水を青テープの巻かれた三角フラスコに 30 mL 程度分注する。試験管とマイクロスパーテルをメタノールで 3 回洗浄し、洗液は有機系廃液溜めに捨てる。ガスバーナーを点火し、水浴用ビーカーにイオン交換水を 6 割程度注ぎ、水浴の加熱を開始する。サリチル酸の秤量を行う。秤量待ちの間に、ひだ折りろ紙を作成する。

[A 反応溶液の調製]
電子天秤を用いてサリチル酸（0.50 g、3.6 mmol）を計りとり、反応に用いる試験管に入れる。次に、無水酢酸 1.0 cm^3 とリン酸 1 滴を加える。これを反応溶液とする。

[B 加熱前の反応溶液の呈色試験]
新たな試験管 1 本に、メタノール 1.0 cm^3 と $Fe(NO_3)_3$ 溶液 1 滴を添加する。このとき、溶液が黄色であることを確認する。この試験管に、マイクロスパーテルを使って加熱前の反応溶液を極少量加え、よく振り混ぜて、色の変化を観察する。(反応の進行を確認した試験管は提出用に最後まで残しておくこと)

[C 加熱]
反応溶液を、水浴で 10 分間加熱する。加熱中、2~3 分ごとにマイクロスパーテルを使って反応溶液をかき混ぜる。加熱後、水浴から試験管立てに移す。

[D 反応の進行の確認]
メタノール（1.0 cm^3）と **$Fe(NO_3)_3$** 溶液（**0.1 mol dm^{-3}**、1 滴）を添加した試験管を、新たに 1 本調製する。この時、溶液が黄色であることを確認する。この試験管に、マイクロスパーテ

ルを使って加熱後の反応溶液を極少量加え、よく振り混ぜて、色の変化を観察する。反応が進行していることを確認後、反応溶液を用いて精製を行う。(反応の進行を確認した試験管は提出用に最後まで残しておくこと)

［E 精製］

反応の進行が確認できたら、反応溶液にイオン交換水（5.0 cm^3）を加える。反応溶液は 2 層に分かれる。この溶液を水浴で加熱しながら、マイクロスパーテルを用いて 1 層になるまで激しく撹拌する。次に、試験管を氷浴中で 2 分間冷却する。冷却後、マイクロスパーテルの先端を液面に数回接触させて、引き続き氷浴中で 10 分間静置する。生じた結晶を、ひだ折り濾紙とプラスチック製漏斗を用いて濾過する。試験管に残った結晶はマイクロスパーテルと少量のイオン交換水を用いて濾紙上に移し出す。濾紙上の結晶をイオン交換水で洗浄する。得られた結晶を新しい円形濾紙の上に移し出し、もう一枚の濾紙で挟んで 5 分間乾燥させる。得られた結晶の収量を電子天秤で測定し（マイクロスパーテルを用いて、ゼロ点を合わせた薬包紙上に移す)、収率を算出する。

片付けについて：実験中に生じた廃液および濾過により生じたろ液と洗液、精製後の固体は全て廃液溜めの三角フラスコに廃棄し、使用した試験管及び器具は少量のメタノールで数回リンスする。また、器具の外側も少量のメタノールで洗浄する。この洗浄液も廃液溜めに廃棄すること。メタノールですすいだ実験器具はイオン交換水で数回リンスし、所定の場所に戻すこと。この洗浄液は流しに捨てて構わない。使用した分のイオン交換水を補充し、全ての実験器具を所定の場所に戻したら、片付けのチェックを受けること。

3-4 レポートについて

九州大学 e-Learning System:Moodle の指示に従い、A4 サイズのレポートテンプレート（Word ファイル）を用いて作成せよ。作成したレポートは pdf に変換し、指示に従ってファイル名を変更後、提出期限までに Moodle のレポート提出先に提出すること。

3-5 付録

① 収率の計算方法

収率とは、ある物質を得るための化学反応において、「**理論上得ることが可能なその物質の最大量（理論収量）に対して実際に得られた物質の量（量）の比率**」である。例えば、ある反応によって目的物が理論上 100 g 得られる（理論収量が 100 g である）として、実際には 75 g の目的物が得られた（実際の収量が 75 g であった）場合、以下のようになる。

$$反応の収率 = 75\ \mathrm{g}/100\ \mathrm{g} = 0.75 = 75\%$$

収量の計算には、このように重量が用いられる場合もあるが、一般的には反応に使用した化学物質の物質量（モル数）の比で計算することが多い。なお、化学物質の物質量（mol）は、使用した物質の重量（g）をその物質の分子量（g mol^{-1}）で割ることで求められる。例えば、本実習で用いた化学物質では、サリチル酸の分子量は 138.12 g mol^{-1}、アセチルサリチル酸の分子量は 180.16 g mol^{-1} である。したがって、はじめに使用したサリチル酸が 0.50 g であった場合、物質量に換算すると次のようになる。

0.50 (g) /138.12 (g mol^{-1}) = 0.0036 (mol) = 3.6 mmol

本実習では、サリチル酸に比べて無水酢酸が十分過剰にあるため、反応はサリチル酸が完全に消費されるまで進行する。したがって、1 mol のサリチル酸を原料とした場合、アセチルサリチル酸は理論上 1 mol 得られるはずである。そこで、反応により得られたアセチルサリチル酸の重量からそれぞれの物質量を計算し、原料として用いたサリチル酸の物質量で割ることにより、反応の収率を求めることができる。

サリチル酸 1 mol (138.12 g)使用 ＋ **無水酢酸** サリチル酸に対して十分過剰に存在 —(リン酸, 100 °C, 10 min)→ **アセチルサリチル酸** 理論上 1 mol（180.16 g）生成

② ひだ付きろ紙の折り方

今回の実験では、ろ過をする際にひだ付きろ紙を折って使用する。

ひだ付きろ紙は、山折りと谷折りが完全に交互になるように折り目をつけたろ紙である。溶媒とろ紙の接触面積が増大するため、短時間でろ過が完了するという利点がある。ろ紙と漏斗の大きさにあわせて、ひだの数を決めるとよい。直径 110 mm 程度のろ紙では、ひだの数が 8 または 16 のものが適当である。作成時には、ろ紙の中心まで強く折り目を付けすぎないように注意する（折り目の重なる中心部分が弱くなり、使用時に破れることがある）。

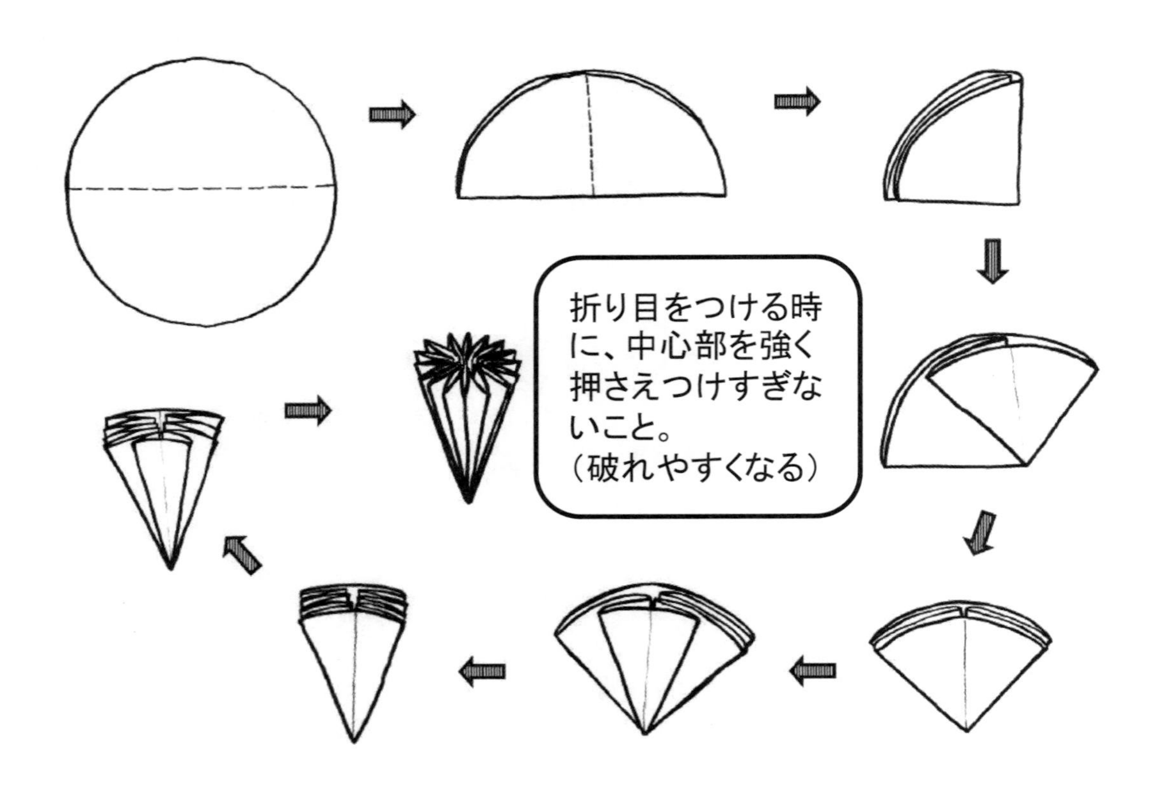

自然科学総合実験

生物科学編

§１．生物科学実験の概要

1-1　生物科学実験の目的

地球上にはおそらく数千万種以上の多様な生物が生存しているが、全ての生物は「細胞（cell)」(参考資料 4-1 細胞の模式図を参照）という基本構造単位の集合体（単独の場合もある）として成り立っている。生物科学実験ではまず、光学顕微鏡を用いて、実際の生物組織を材料に細胞の構造と機能、細胞の集まり具合（組織の構成：皮膚や腸などは様々な種類の細胞がどの様に集まってできているか）を観察し理解することを目的とする。

また、生物に共通するもう一つの重要な特徴として「自己複製」が上げられる。この自己複製の基本には、生物の基本構造単位である細胞の分裂（細胞増殖）がある。その、細胞分裂の前には遺伝情報を担う遺伝子（gene）の実体である DNA（deoxyribonucleic acid、デオキシリボ核酸）分子の複製（遺伝情報の自己複製）が起こる。生物がその構造を形成・維持し、機能する時の基本的な情報は、遺伝子の実体である DNA 分子を構成する 4 種類の塩基の配列として保持・保存されている。1953 年にワトソンとクリックによって DNA の二重らせん構造が解明されたときに、DNA はその分子構造自体に自己複製するしくみを内包していることが明らかになった。その後、DNA の担う遺伝情報がどの様に発現するのか、つまり、生命現象に必須なタンパク質がどの様にしてつくられるかが解明されていった。DNA を操作する様々な技術は発展を続け、1973 年には大腸菌で遺伝子組み換えが実証され、2003 年にはヒトの DNA の全ての塩基配列情報が解明された。現在では、遺伝子組み換え・遺伝子治療・クローンの作成・DNA 鑑定・DNA 編集といったことが日常の話題にも上るようになっている。このように現代の生物科学（生命科学）の研究や実生活への応用の場においては、DNA を扱うことが不可欠である。そこで、生物科学実験では、遺伝子の実体である DNA の抽出と PCR（polymerase chain reaction、DNA 合成酵素連鎖反応）による DNA 断片の増幅といった DNA を扱う時の基礎的な技術を実際に体験することを目的とする。

1-2　実験テーマ

生物科学分野では、以下の 2 項目の観察・実験を行う。

【実験①】　顕微鏡の使用法と動物組織の観察　（§２−２）

【実験②】　植物からの DNA 抽出と PCR（§３−３）

1-3　実験室、実験予定表

生物科学実験の受講生は 2 グループに分かれ、2 部屋（センター1 号館 6 階、第 1 生物実験室、第 2 生物実験室）で実習を行う。座席は各自決まっており、毎回同じ実験室の同じ実験台で受講することになる。グループ分けや実験予定表は掲示などによって周知するので、事前に確認しておくこと。

1-4　実験の形態

顕微鏡観察

＊①の実験では光学顕微鏡の扱い方・マイクロメーターの使用法を習得してから、実際の試料（動物の組織標本）の観察・スケッチを行う。

DNA 実験

＊②の実験は 4 人一組（一部 2 人一組、同じ実験台を使用する 4 名で班をつくる）で PCR 法による DNA 増幅を中心とする分子生物学の初歩的な実験を行う。

1-5　生物科学実験を受講する前の準備

＊実験①は、光学顕微鏡を用いての観察が中心となる。受講前に、§2 内の「2-1 顕微鏡の使用法」の各項目を読んでおくこと。また、実験②は、分子生物学分野での実験を行うので、受講前に§3 内の「3-1 DNA の性質と PCR の原理」および「3-2 分子生物学実験に使用する器具の操作法」の項目を読んでおくこと。

＊テーマごとのテキストにある説明は、受講前に熟読しておく。

＊実験①では、顕微鏡での観察に基づくスケッチがレポートの主な部分となる。スケッチをするために、専用のケント紙（テキストに綴じ込まれている）と硬め（2H ぐらい）の鉛筆またはシャープペンシル、消しゴム、定規（10 cm 程度）を用意しておく。

1-6　生物科学実験の受講に当たっての注意

＊ 実験台、顕微鏡はそれぞれ各自に定められたものを使用する。

＊ 実験を始める前に必要な器具・材料・試薬等がそろっているかを確認する。

＊ 実験終了後は、それぞれの器具・試薬などを元通りに整頓し、使用した材料・試薬で廃棄するものや洗浄するものについては教員・TA の指示に従って処理する。

1-7　レポートの提出について

＊実験ごとにレポートの形式や提出方法が異なるため、担当教員の説明をよく聞いて指示に従って期限までに提出する。

＊事前課題を課すことがあるため、提出方法と時期については指導教員の指示に従う。

§2．顕微鏡観察

2-1　顕微鏡の使用法

顕微鏡（microscope）は、微小な物体を拡大して観察・測定するための装置である。顕微鏡には、様々な光学顕微鏡（透過型光学顕微鏡、実体顕微鏡、蛍光顕微鏡、位相差顕微鏡、微分干渉顕微鏡、偏光顕微鏡、レーザー走査型共焦点顕微鏡など）や可視光の代わりに電子線を用いる透過型電子顕微鏡、走査型電子顕微鏡などがある。自然科学総合実験の生物科学分野の実験において使用する顕微鏡は、正立型・透過照明の光学顕微鏡（light microscope）である。

2-1-1　光学顕微鏡の基本的な原理

光学顕微鏡は、対物レンズと接眼レンズによって試料を拡大して観察する装置である。その基本的な原理は、対物レンズの焦点（図 2-1 の F1）の少し外側に置かれた試料の拡大された実像を接眼レンズの焦点（図 2-1 の F2）の少し内側に結像させ、その実像を接眼レンズによって拡大して明視の位置に虚像として観察するというものである（下の図 2-1 を参照）。

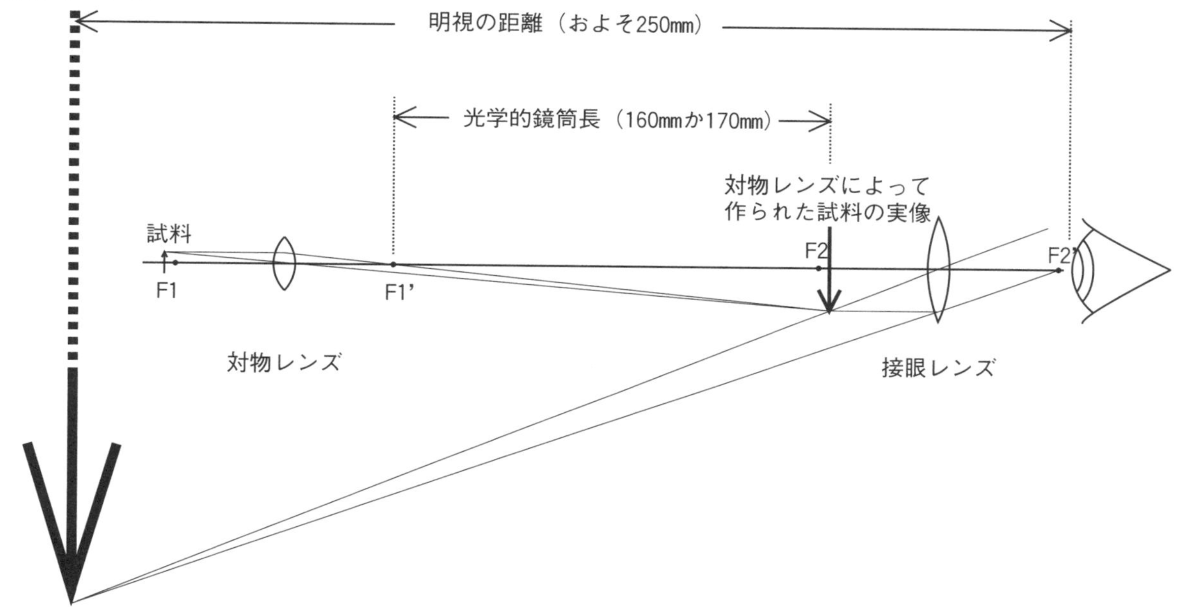

図 2-1　光学顕微鏡の原理

自然科学総合実験で使用する顕微鏡は、対物レンズを透過した光をプリズムによって左右 2 つに分け且つ角度を変えて、左右の接眼レンズそれぞれに導くようになっている双眼型の実習用生物顕微鏡（Nikon YS100　図 2-2）である。しかし、試料の拡大像を得るための基本的な原理は上に説明した通りである。

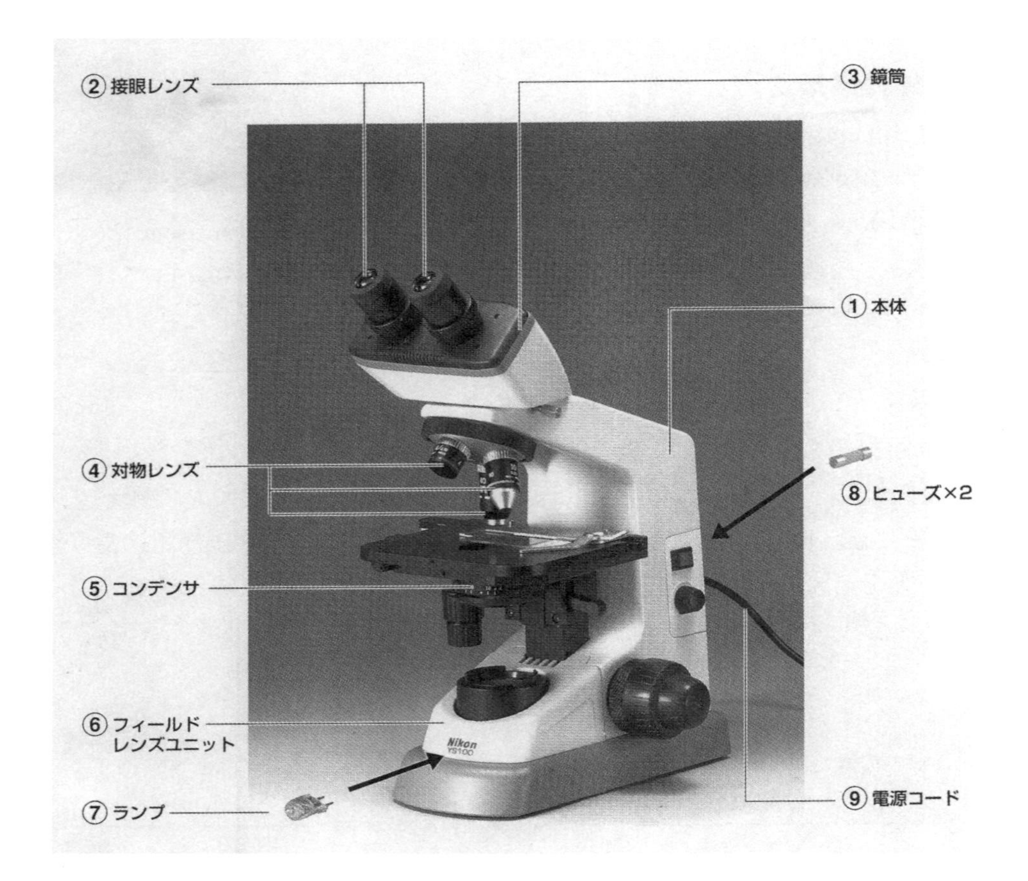

図 A

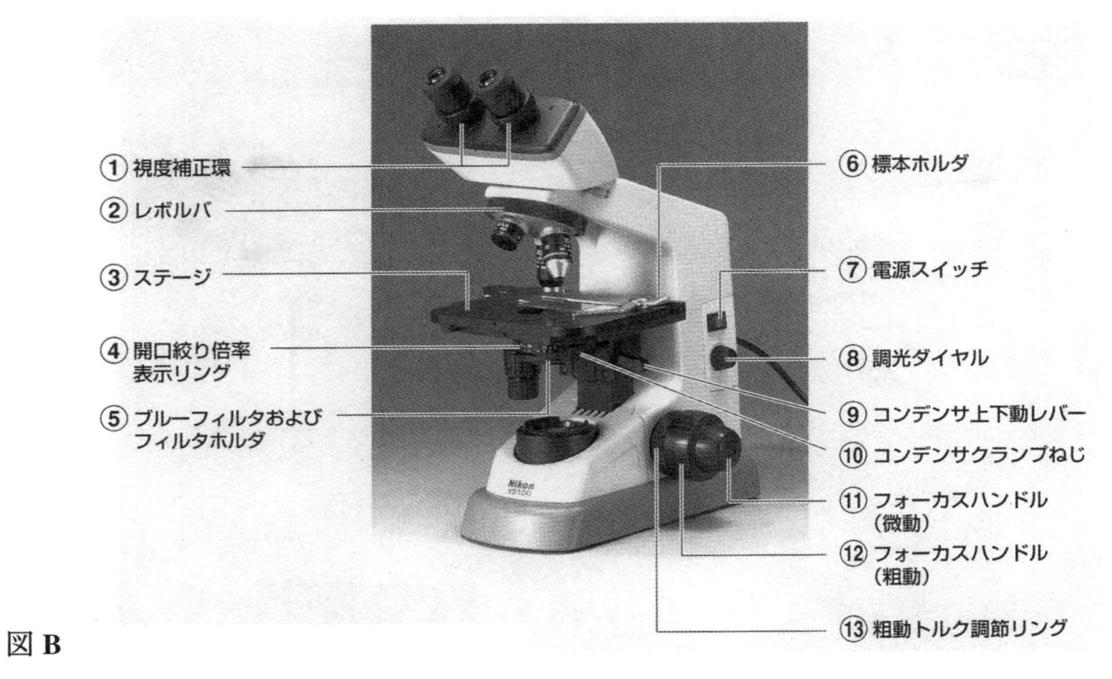

図 B

図 2-2 A, B　実習用生物顕微鏡 Nikon YS100 の各部分の名称

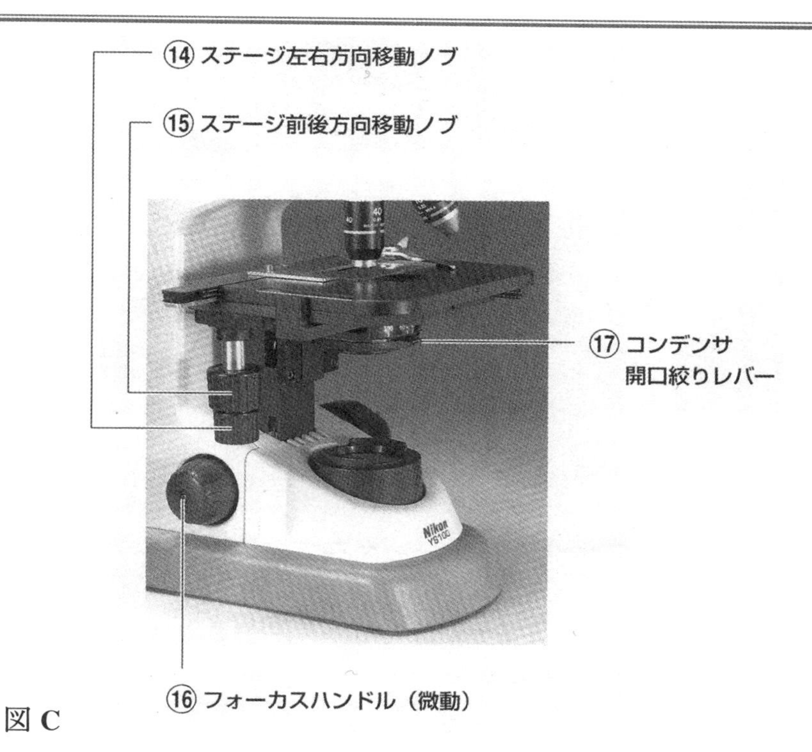

図 C

図 2-2 C　実習用生物顕微鏡 Nikon YS100 の各部分の名称（続き）

2-1-2　顕微鏡の構造と機能

自然科学総合実験で使用する、Nikon YS100 型の実習用顕微鏡の各部分の名称は図 2-2 に示してある。以下に、Nikon YS100 について主要な部分の構造と機能について概説する。

＜光学系＞

接眼レンズ（図 2-2A②）：

15 倍の接眼レンズが装着されている。片方の接眼レンズには、接眼マイクロメーターがはめ込まれている。

鏡筒（図 2-2A③）：

接眼レンズと対物レンズの間が鏡筒である。この Nikon YS100 には、双眼鏡筒が装着されており、そのため途中にプリズムが組み込まれている。そのプリズムによって光路が左右に分けられ、且つ、検鏡しやすいように角度がつけられている。また、左右の接眼レンズの間隔は、観察者の目の幅に合わせて調節できるようになっている。

視度補正環（図 2-2B①）：

観察者の左右の視力の違いにあわせて、鏡筒長を微妙に変えることによって、観察物の同じ部分に両眼でピントが合うように補正するための装置である。

対物レンズ（図 2-2A④）：

10 倍と 40 倍の対物レンズがレボルバ（図 2-2B②）に装着されている。場合に応じていずれかの対物レンズを光路に入れる。そのとき、レボルバの縁をもって回転させて目的の対物レンズを光路に入れる。光軸をずらす原因になるので、対物レンズに指をかけてレボルバを回転させてはいけない。

コンデンサ（図 2-2A⑤）：

光源からの光（ランプ、図 2-2A⑦の光がフィールドレンズユニット、図 2-2A⑥を通して送られてくる）を試料面に集光させるためのレンズで、試料を載せるステージ（図 2-2B③）の下に装着されている。

コンデンサ上下動レバー（図 2-2B⑨）によって試料面との間隔を調節できる。通常はレバーを下げた状態（コンデンサが一番上がった状態）にしておく。

コンデンサ開口絞りがついており、コンデンサ開口絞りレバー（図 2-2C⑰）によって照明光の開口数（試料面のどれくらいの範囲を照明するかということを示す値）を調節できる。対物レンズを変えるとそれぞれの対物レンズに合わせて調節する必要がある。開口絞り倍率表示リング（図 2-2B④）に対物レンズの倍率（4、10、20、60、100）が表示されており対物レンズの倍率に合わせて、コンデンサ開口絞りレバーを対応する位置に来るようにすれば、ほぼ適切な照明が得られるようになっている。

光源：

ランプ、図 2-2A⑦とフィールドレンズユニット、図 2-2A⑥から構成されている。ほぼ一様な光がコンデンサに送られるようになっている。光源の明るさ（試料を照明する明るさ）は、調光ダイヤル（図 2-2B⑧）を回す（ランプへかける電圧を調節する）ことによって調節することができる。なお、ランプを点灯させるには、電源スイッチ（図 2-2B⑦）を入れる。

＜機械系＞

本体（図 2-2A①）：

鏡体とよぶことがある。顕微鏡を持ち運ぶときには、この部分を後ろから両手でしっかりと持ち、鏡体を水平に保ったまま運ぶ（図 2-3 参照）。

ステージ（図 2-2B③）：

観察する試料、標本を載せる台。Nikon YS100 は、このステージを上下に動かして、試料と対物レンズの間の距離を調節して、試料にピントを合わせる仕組みになっている。

フォーカスハンドル（図 2-2B⑪微動、⑫粗動、C⑯微動）：

このハンドルを回すことによって、ステージを上下させることができる。粗動（図 2-2B⑫）ハンドルは大きくステージを上下させるときに使い、微動（図 2-2B⑪、C⑯）は、ステージを細かく上下させるときに使う。試料にピントを合わせるときには、まず粗動ハンドルで大まかにピントを合わせ、常に微動ハンドルを調整し試料の注目している部分にピントを合わせながら観察する。薄い試料でも厚みがあるため常に微動ハンドルを調節して観察することが大切である。ただし、微動ハンドルの可動範囲は狭いので、1 回転以内の範囲で使用すること。

ステージ左右方向移動ノブ（図 2-2C⑭）、ステージ前後方向移動ノブ（図 2-2C⑮）：

試料を移動させるために、試料が固定されているステージを動かすためのノブ。回すことによってステージを前後左右になめらかに動かすことができる。

標本ホルダ（図 2-2B⑥）：

多くの場合、光学顕微鏡で観察する試料は、スライドグラスとよばれる長方形のガラス板の上に載せられている。この、スライドグラスをステージの上に固定するためのホルダ。

2-1-3　顕微鏡取り扱い上の注意事項

①　顕微鏡の運搬にあたっての注意：

図 2-3　顕微鏡の運搬

顕微鏡を収納棚から出して実験台へ運ぶとき、実験が終了して顕微鏡を実験台から収納棚へ戻すときには、図 2-3 のように、顕微鏡のアームの部分（図 2-2A で①本体と示されている部分）を後ろから両手でしっかりと持ち、顕微鏡を水平に保ったまま運搬する。

運搬する際には、フォーカスハンドル、鏡筒、ステージなどを持つと外れる危険性があり、故障の原因となるので絶対にアーム以外の部分は持たないように注意すること。

②　顕微鏡の実験台上での設置位置についての注意：

実験台に顕微鏡を置くときには、鏡体の底面が机からでるようなことがないようにする。落下等を防ぐためには、実験台の端に置いたりしないこと。

顕微鏡の接眼レンズの机上からの位置（高さ）は決まっているので、各自体格に合わせて、観察しやすいように、いすの高さの方を調節すること。

観察しながらスケッチしたり、各種計測結果のメモをとったりするので、利き手の前にスケッチ用紙・ノートなどの置けるスペースがあくように顕微鏡の設置位置を決めること。

③　レンズなどの光学系部分の取り扱いについての注意

光学系のレンズ面などにはふれないようにする。レンズが汚れている場合には、教員・TA に申し出ること。レンズの汚れは、まずブロアーを用いて空気で吹き飛ばすが、それでもとれない場合は専用のレンズペーパー、レンズクリーナーなどを用いて拭き取る。汚れの種類・度合いなどに応じて慎重に行わなければならないので、汚れに気づいた場合は、前述したように教員・TA に申し出ること。

④　対物レンズの変更にあたっての注意：

対物レンズの変更には、レボルバの縁を持ってレボルバを回す。光軸を狂わす原因になるので、絶対に対物レンズに指をかけてレボルバを回転させてはならない。

⑤　光源部分の扱いについての注意：

光源部分にあたるフィールドレンズユニット（図 2-2A⑥）の部分は、カバーが外れやすいので、この部分を引っ張ったり、そこを持って顕微鏡を持ち上げようとしたりしないようにすること。

⑥　その他：

顕微鏡は精密機器であるので、可動部分（フォーカスハンドル、ステージ移動ノブ、コンデンサ開口絞りレバー、コンデンサ上下動レバー、視度補正環、レボルバなど）を操作するときに力をかけすぎたり、無理に動かそうとしたりしないこと。また、必要な部分以外はさわらないこと。

Nikon YS100 付属の対物レンズの仕様

対物レンズ倍率	（総合倍率）15×の接眼レンズ使用時	開口数* N.A.	（実視野）	分解能*	作動距離* W.D.
10×	150 倍	0.25	1.2 mm	1.1 μm	5.6 mm
40×	600 倍	0.65	0.3 mm	0.4 μm	0.6 mm

（　　）をつけた項目は接眼レンズに依存する。

＊開口数、分解能、作動距離の説明は、「2-1-7　参考」の項に説明がある。

2-1-4　検鏡操作の手順

以下に、実際の検鏡にあたっての手順を説明する。

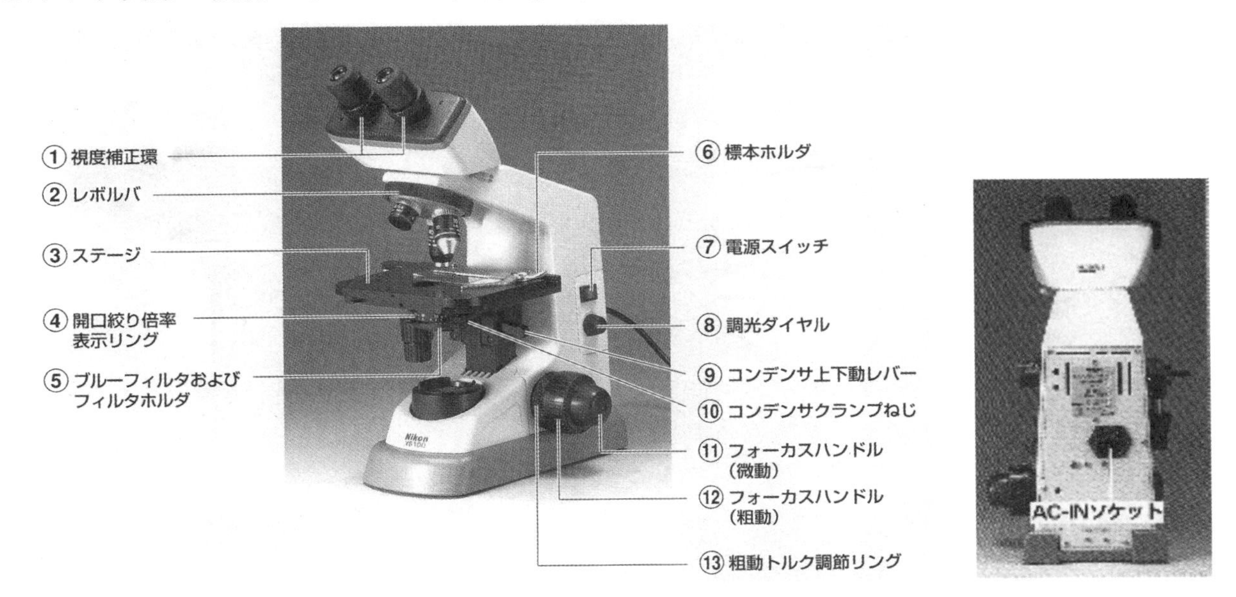

図 2-4　顕微鏡の各部の名称　実際の使用に当たって

(1) 所定の顕微鏡を収納棚から取り出し、実験台に設置する。
(2) 電源スイッチ（上図⑦）が OFF であることと調光ダイヤル（上図⑧）が手前方向いっぱいに回されていることを確認した後､電源コードを鏡体の後面にある AC-IN ソケット（右上図参照）に差し込み、プラグを実験台のコンセントに差し込む。
(3) 顕微鏡を横もしくは正面から見ながら（接眼レンズを覗くのではない）フォーカスハンドル（上図⑫）を回してステージを一番下まで下げる。
(4) 低倍の（10 倍）対物レンズを光路に入れる。レボルバを回すときに対物レンズに指をかけないよう注意をする。
(5) 対物レンズとステージの面との間隔が十分（およそ 1 cm 以上）ある状態で、ステージ前後方向移動ノブを調整して、ステージを手前に出し標本ホルダにプレパラートをきっちりとはめる。
(6) ステージ移動ノブを調整して、試料（動物組織標本の場合は皮膚や小腸の組織片）がステージの下にあるコンデンサー・レンズの中央の上に来るようにする。
(7) 顕微鏡を横から見ながらフォーカスハンドルをゆっくりと回してステージを上げてゆき、対物レンズをカバーグラスにぶつけないよう注意しながらカバーグラスと対物レンズの間隔を 5 mm 以内まで近づける。
(8) 電源スイッチを｜側に倒し電源ランプを点灯させる（○側に倒すと消灯する）。
(9) 接眼レンズを覗きながら調光ダイヤルを時計方向にゆっくり回して適当な明るさに調節する。
(10) 接眼レンズを覗きながら、鏡筒の接眼レンズがはめ込まれている部分を調節して、左右の接眼レンズの幅を眼の幅に合わせる。

(11) 接眼レンズを覗きながら注意して、ゆっくりとフォーカスハンドルを回してステージを下げてゆき、試料にピントを合わせる。

・**フォーカスハンドルを回す方向を間違えないように注意すること。逆方向に回すとステージが上がってきてピントが合わないままカバーグラスと対物レンズを衝突させてしまうことがあるので十分注意すること。**

・視野に何か見えた時点で、ステージ移動ノブを少し回して、見えているものが動けば試料面にほぼピントが合っていることが確認できる。

・視野中央部を拡大して観察したいときには、そのままの状態でレボルバを回して高倍の対物レンズ（40倍）を光路に入れる。ほぼピントのあった状態で拡大された象が観察できるが、多少のピントのずれはフォーカスハンドルの微動ねじを回して調節する。

※更に鮮明な像を観察するためには、観察者の左右の眼の視力の差を補正するために、視度調節を行うことが必要になる。その方法については、(12) 以降の手順に従うこと。

(12) 視度調節の実施

次に、より鮮明に試料を観察するために視度調節を行う。視度調節とは観察者の左右の視力の違いがある場合、鏡筒の接眼レンズ基部にある視度補正環を調節して鏡筒長を微妙に変えて左右両眼とも同じ位置（ステージの位置、つまり対物レンズと試料との距離）でピントが合うようにすることである。具体的な手順は以下の通り。

① （11）の状態から、図2-5の上段の図に示されているように、左右それぞれの接眼レンズの基部にある視度補正環を回して端面を基準溝に合わせる。つぎに、40倍の対物レンズを光路に入れ、フォーカスハンドルの（微動）を調節して試料にピントを合わせる。

②10 倍の対物レンズを光路に入れ、右目で右の接眼レンズを覗きながら（左目は接眼レンズを覗かないようにする。閉じておいても良い）、フォーカスハンドルは動かさずに、右の視度補正環を回して試料の中央付近にある見分けやすい一点に注目してピントを合わす（図2-5の中段の図）。

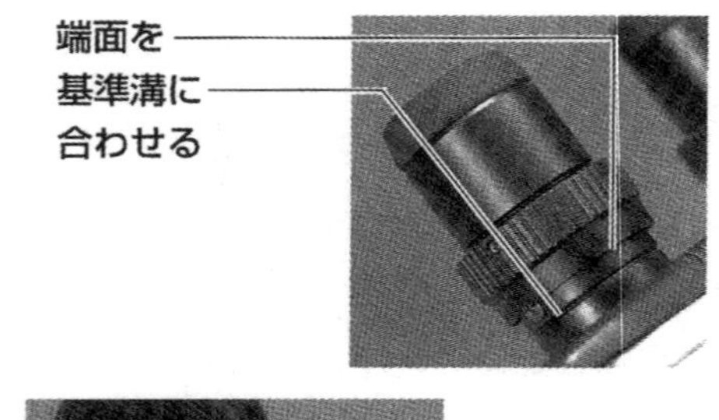

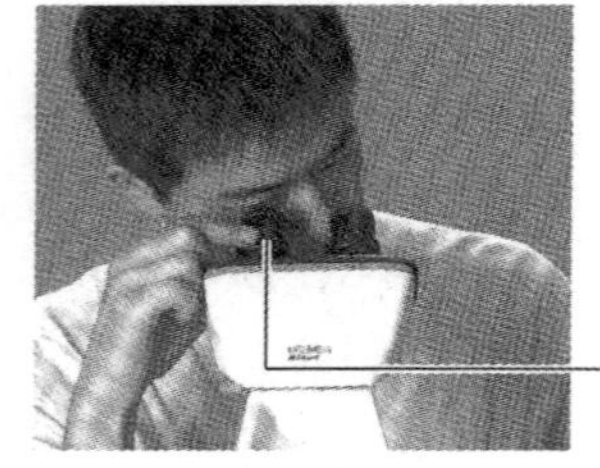

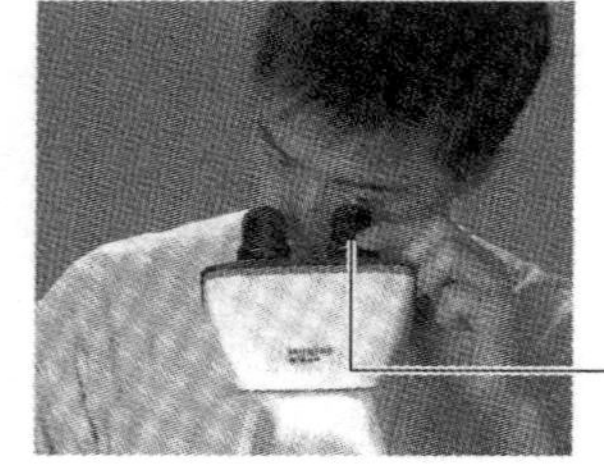

図2-5　視度調節の手順

③次に、左目で左の接眼レンズを覗きながら（右目は接眼レンズを覗かないようにする。閉じておいても良い）、フォーカスハンドルは動かさずに、左の視度補正環を回して試料の先ほど右目で注目していたところと同じ一点に注目してピントを合わす（図2-5の下段の図）。

④②と③を二三回繰り返し、視度補正環を調節することによって左右両眼とも同じ位置でピントが合うようになる。

次に、より鮮明に試料を観察するために行うべきこととして、もう一点、照明の調節方法について説明する。

(13) 開口絞りの調節：

コンデンサのどれくらいの範囲に光源からの光を入れるかを調節するために開口絞りがあり、コンデンサ開口絞りレバー（図 2-2C⑰）によって絞りの開閉を行うことができる。

開口絞りを絞ると光源からの光の当たるコンデンサの範囲が狭くなるので明るさは低下し、細部が観察しにくくなる。しかし、観察像のコントラストが大きくなり、ピントの合う範囲（焦点深度とよび、試料の厚みのうちのどれくらいの範囲にピントが合うかという指標）も深くなる。

逆に、開口絞りを開くと光源からの光の当たるコンデンサの範囲が広くなるので明るさは増し、細部がよく観察できるようになる。しかし、観察像のコントラストが低くなり、焦点深度も浅くなる。

対物レンズによってレンズの開口数（参考の項を参照すること）が異なるため、鮮明な像を観察するためには、対物レンズに合わせてコンデンサの開口絞りを調節する必要がある。Nikon YS100 では、付属する対物レンズの倍率に合わせてコンデンサ開口絞りレバーをどの位置に合わせれば適切な照明になるかを示した数字がコンデンサの絞り部分に刻み込まれている。10 倍の対物レンズを用いるときはレバーを 10 の位置に、40 倍の対物レンズを用いるときはレバーを 40 の位置に合わせ、その後、実際に試料を観察しながら、鮮明な像が得られるように微調整する。

(14) 調光ダイヤルの調節：

①で説明したように、コンデンサ開口絞りレバーは、主に観察像のコントラストと焦点深度を調節するために使う。明るさを調節するためには調光ダイヤルによってランプにかける電圧を調節し、光源のランプの明るさを変化させる。

以上（1）から（14）までの手順を追うことによって、試料を鮮明な像として観察する準備が整ったことになる。

別の試料を観察したい場合は、この状態でフォーカスハンドルは動かさないようにして、レボルバを回転させ光路に対物レンズが入っていない状態にして、スライドグラスを取り外しやすくする。ステージを手前に移動させて試料の載ったスライドグラスを取り外し、観察したい別の試料の載ったスライドグラスをセットする。その後、使用したい対物レンズを光路に入れ、ステージ移動ノブを使って試料を対物レンズの真下にもってくればほぼピントのあった状態で観察を始めることができる。

顕微鏡の操作についてのより詳しい説明は、実験室に備え付けてある「Nikon 顕微鏡 YS100 使用説明書」を参照すること。

＊図 2-2～2-4 は「Nikon 顕微鏡 YS100 使用説明書」から引用させて頂いた。

2-1-5　顕微鏡観察の記録と実験レポートとしてのスケッチ作成

1）顕微鏡観察像の記録方法

顕微鏡で観察した試料の形態の記録は、現在では、顕微鏡に装着したデジタルカメラによって撮影して顕微鏡写真として残す場合が多い。デジタル画像として記録したデータは、画像処理プログラムによって容易に種々の計測（長さの測定、面積の測定、粒子数、輝度の計測など）を行うことができる。また、研究上のデータとしては、顕微鏡写真の方がスケッチによる記録よりも観察者の主観に左右される面が少なく、より客観的な記録となると考えられている。一方、画像処理プログラムによって恣意的なデータの改変も可能となるため、撮影時の様々な条件（使用レンズの倍率・種類、フィルターの種類、照明の状態、試料の染色の方法、絞り、露光時間、感光体の感度など）を詳細に記録しておく、オリジナルな画像は必ず残すなど、常により客観的（追試可能）な記録となるように注意することが必要である。

2）実験レポートとしてのスケッチの作成

実習・実験においてスケッチを行う第一の意義は、観察対象である試料の形態などをしっかりと観察し、対象の形態・構造の特徴を正確に理解し、報告（レポート）するという訓練をすることにある。

また、顕微鏡で観察する対象は、たとえ薄い切片状の試料であっても数 μm の厚みがあり、そこに観察される微小構造物は 3 次元構造をもっている。その立体構造は、試料を観察しながらフォーカスハンドル（微動）を微妙に調節しながらピントの合う面を変えてみることによって把握することが可能である。通常の顕微鏡写真では、ある一焦点面にピントがあった平面的な記録となる。しかし、スケッチでは、立体的に把握した構造を記載することが可能になる。これは、観察対象の試料の形態・構造をレポートするという点においては顕微鏡写真に優る点とも言える。

3）スケッチに用いる用具

スケッチは、専用の用紙に鉛筆を用いて描く。専用のスケッチ用紙は、厚手の表面のなめらかなケント紙でできたものである。細線と点を用いてスケッチを行うので、鉛筆は 2H ぐらいの硬質のものをよく芯の先端を尖らせて用いる。スケッチにはスケールバー（100 μm、50 μm などのきりの良い値に相当する直線、スケッチされた構造の大きさを知る目安となる）を入れるために、定規が必要である。

4）スケッチの手順

まず、既製の永久プレパラートなどの試料の場合は、レポートの課題として出された条件を満たし、且つ、スケッチしやすい視野を探し出すことが大切である。自分で試料を作成する場合は、良い状態のものができるまで作り直す必要がある。観察対象の試料がうまく作成されていなかったり破損していたりしては、正確な形態・構造がスケッチはできない。

顕微鏡で観察する生物試料の場合は、動植物の組織、細胞などいずれの場合も同じ構造単位が繰り返されている場合が多い。その構造単位を理解し、スケッチの対象となる必要十分な範囲を把握することが大切である。とくに、授業時間の制限があるので、むやみに広範囲を詳細にスケッチしようとするとスケッチが荒く雑で不正確になるので注意が必要である。上に述べたように、まず、基本的な単位を把握する。そして、同じような構造が繰り返される場合は、その繰り返し単位 1 つか 2 つを詳細にスケッチし、残りの部分は比較的省略された輪郭だけで済ますこともできる。また、特徴的な構造などは、その部分を拡大した図として別にスケッチすることも有用な方法である。

授業の実習・実験における生物試料のスケッチは、前述したように観察対象の形態・構造を理解しそれをレポートするためのものである。単に顕微鏡の視野に見えるままを写し取るわけではない。実際に描く手法としては、よく芯を研いだ硬め（2H ぐらい）の鉛筆を使って、線と点とで描くことが多い。細線で輪郭を描き、染色の濃淡、立体的な構造を表現するための陰影などは短い細線、破線や点描によって表す。

スケッチを行う時には、常にフォーカスハンドル、調光ダイヤル、コンデンサの開口絞りを微調節して試料をより鮮明に観察できるようにすることが大切である。

フォーカスハンドルを微調節することによって観察対象を立体的に把握するように心がけることも大切である。

スケッチが終わったら、適当な場所にスケールバーを書き入れ、その長さも記入しておく。倍率が異なるスケッチにはそれぞれにスケールバーを入れる必要がある。

スケッチが完成したら、各部分の名称などを記入する。その際どの部分の名称であるかを引き出し線や矢印などを用いて明確に示すようにする。授業として行う実験においては、観察した生物試料の構造の理解が大切な目的の一つであるので、この作業は必ず行うこと。

2-1-6　マイクロメーターの使用法

光学顕微鏡で動植物の組織の微細構造や細胞・微生物などの微小物体を観察する場合に、しばしば、対象となる試料の大きさ・長さを測定する必要がでてくる。その場合、マイクロメーターを使用する。ここでは、マイクロメーターを使って顕微鏡の視野中で観察対象となっている試料の長さの測定を行う方法を解説する。

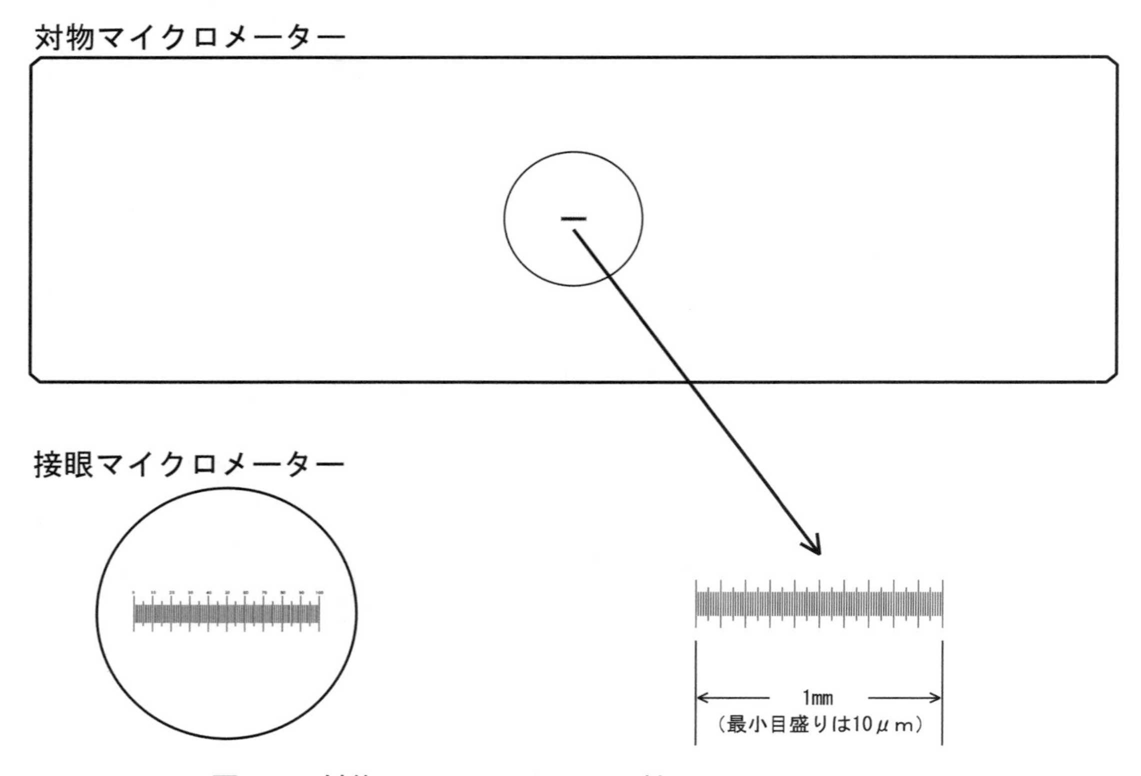

図 2-6　対物マイクロメーターと接眼マイクロメーター

実際に、光学顕微鏡で試料の長さを測定する場合は、接眼レンズに取り付けた接眼マイクロメーターを用いる。接眼マイクロメーターには、図 2-6 に示すように、等間隔で 100 目盛りが刻み込まれている（実際の接眼マイクロメーターのガラス面上での一目盛りの間隔は 100 μm である）。接眼マイクロメーターの目盛りを刻み込んだ面は、対物レンズで拡大された試料の実像が結像する位置（接眼レンズの焦点の少し内側、「顕微鏡の使用法」の項参照）に合わせて組み込まれているので、視野中において試料にピントがあっている場合には、試料の像と接眼マイクロメーターの目盛りとはともにピントが合いどちらの像も明瞭に見えるようになっている。

対物レンズによって結像された試料の実像は拡大されており、その拡大率は対物レンズの倍率に従って変化する。そのため、視野中において接眼マイクロメーターの一目盛りが試料の像と重ね合わされたときに試料上でのどれだけの長さ（実長）に対応するかは、同一試料上においても対物レンズごとに異なる。そのため、接眼マイクロメーターの一目盛りが試料上ではどれだけの長さに相当するかは（ただし、接眼レンズは同じものを使う場合で、実際の自然科学総合実験では接眼レンズを変えることはない）、各対物レンズで対物マイクロメーターを観察して換算しておく必要がある。なお、対物マイクロメーターとは、図 2-6 に示すように中央に 1 mm を 100 等分した目盛りがスライドグラス上に刻印されているものである。つまり、対物マイクロメーターの最小メモリは 10 μm である。当然のことながら、どの対物レンズで観察した場合も対物マイクロメーターの最小メモリは 10 μm である。

以下に、接眼マイクロメーターの一目盛りが、試料の像と重ね合わされたときに試料上でのどれだけの長さに対応するかを、対物マイクロメーターを使って換算する方法を説明する。

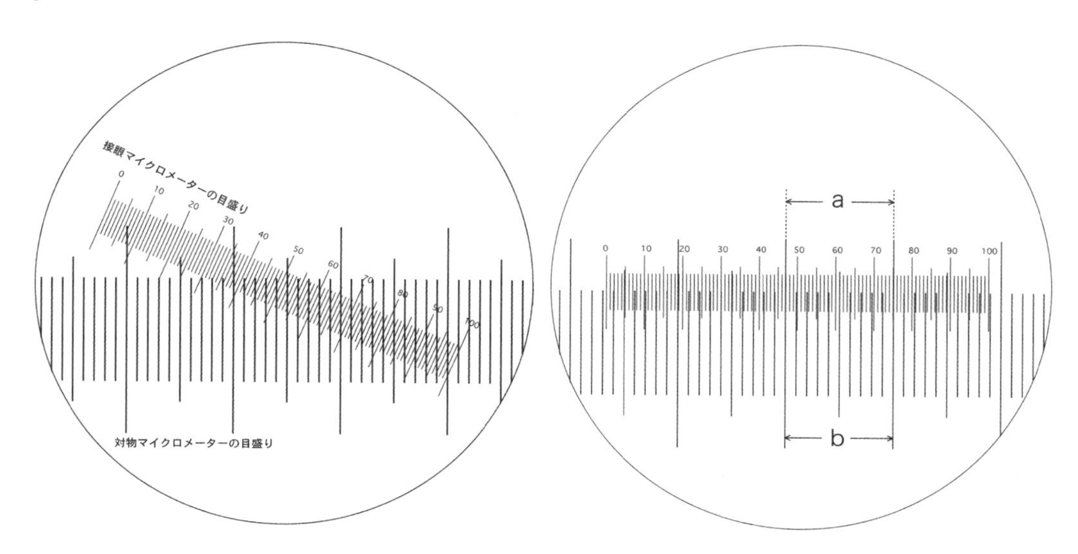

図 2-7　接眼マイクロメーターの目盛りの換算

上の図 2-7 は、ある対物レンズを光路に入れ、ステージに対物マイクロメーターをおいて、接眼マイクロメーターを装着した接眼レンズを通して観察した図である。

最初、左の図にあるように、対物マイクロメーターの目盛りを見つけ、視野の中央にもってくる。対物マイクロメーターのスライドグラスの中央に円が刻印されておりその中央に目盛りが刻み込まれている。目盛りを見つけるときには、スライドグラスの中央のこの円形の刻印を目印に探す。

次に接眼レンズを回転させて（このとき視度補正環を動かさないようにすること）、接眼マイクロメーターと対物マイクロメーターの目盛りが平行になるようにする。
対物マイクロメーターの目盛りの線と接眼マイクロメーターの目盛りの線が一致するところを 2 カ所見つける。このときできるだけその 2 カ所は離れている方がよい。図 2-7 の右側の場合は、その 2 カ所の間隔が、対物マイクロメーターでは 10 目盛り分ある。図では b で示されている。また、対物マイクロメーターの一目盛りは、前述したように 10 μm である。つまり、この間隔がスライドグラス上で 100 μm あることを示す。それが、接眼マイクロメーターの 28 目盛り（図では a で示されている）に相当しているので、この対物レンズと接眼レンズの組み合わせでは、接眼マイクロメーターの一目盛りは、試料上では 100 μm（b で示される対物マイクロメーターの目盛りの数 × 10 μm）／ 28（a で示される接眼マイクロメーターの目盛り数）≒ 3.6 μm に相当することになる。

実際に試料を、接眼マイクロメーターを装着して観察すると図 2-8 のように見える。この状態で、試料の様々な部分の長さを計測することができる。

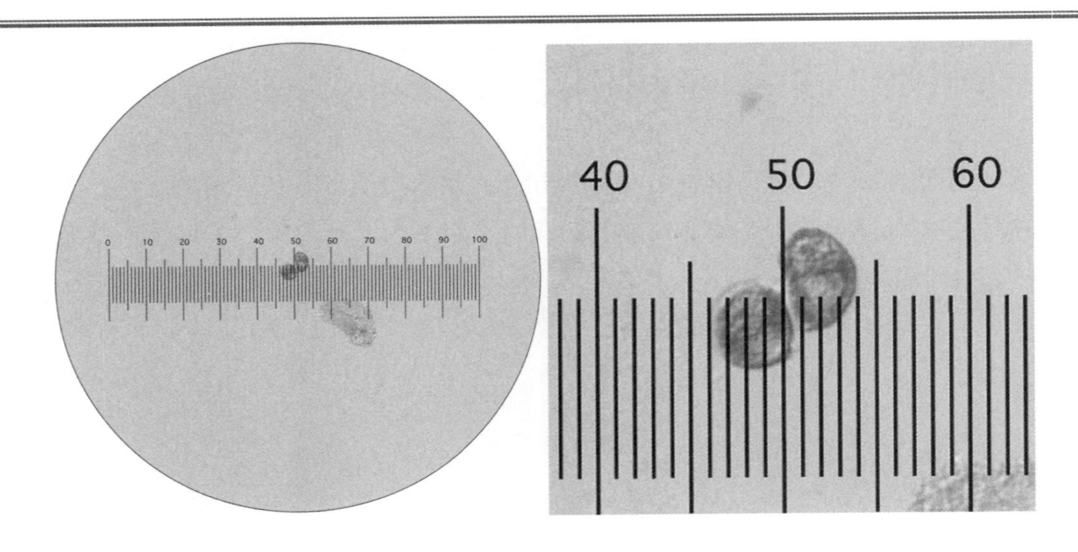

図 2-8　マイクロメーターを装着した接眼レンズでの試料の観察・計測

※実際のマイクロメーターの使用に当たっての注意：

実際に、対物マイクロメーターを用いて、10 倍の対物レンズを用いた場合と 40 倍の対物レンズを用いた場合それぞれについて、接眼マイクロメーターの一目盛りが試料上では何 μm に対応するかを換算しておくこと。

対物レンズを 10 倍のものから 40 倍のものに変えると、視野中に観察できる対物マイクロメーターの目盛りの間隔は、40 倍の対物レンズを用いたときは 10 倍の対物レンズを用いたときの 4 倍に拡大される。実際にそうなっているか確認すること。

2-1-7　参考

1）顕微鏡の総合倍率：

試料の実際の大きさ（長さ）と視野に見える像の大きさの比で、使用する対物レンズの倍率と接眼レンズの倍率を掛け合わせたものとなる。

自然科学総合実験で用いる対物レンズの倍率は 10×、40×の 2 種類で、接眼レンズは 15×である。そのため総合倍率は、150 倍、600 倍の 2 つになる。

2）開口数（N.A. NumeriCAl AperTure）：

対物レンズやコンデンサー・レンズの性能を示す値で、N.A.＝n×sinθ で定義される。n は媒質（試料とレンズの間を占める物質、通常の対物レンズの場合は空気）の屈折率を表す。空気の屈折率は 1 で、油浸系のレンズを使うときに用いるオイルの屈折率は、1.5 ぐらいのものが多い。θ は光軸からでた光線と光軸とのなす最大角度を表わす。対物レンズの場合は、試料にピントがあったときに、「光軸」と「試料面と光軸の交点と対物レンズの縁を結ぶ線」とのなす角度に相当する（下の図 2-5 を参照）。

各対物レンズの N.A.は、対物レンズの側面に倍率の下に表示されている。

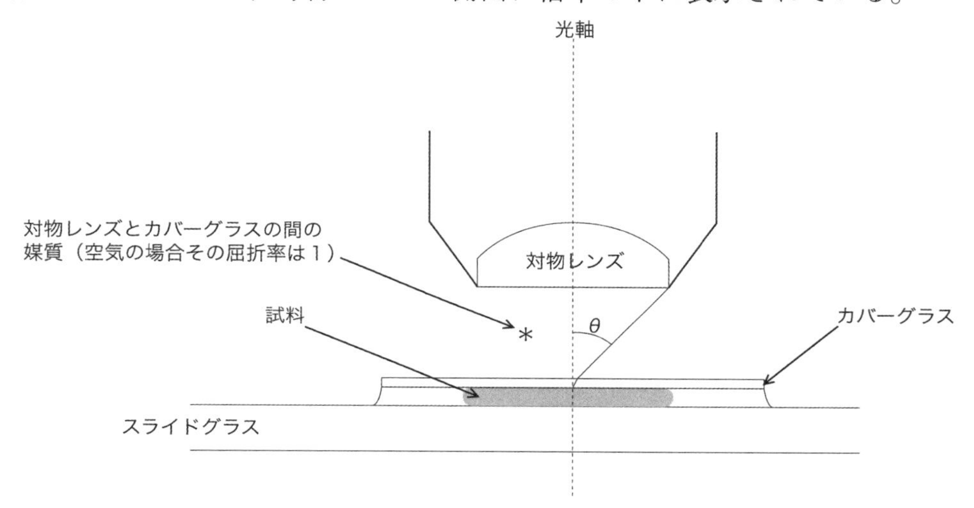

図 2.9　対物レンズの開口数 N.A. = n（媒質の屈折率）sinθ

3）分解能（解像力）：

顕微鏡の視野において見分けることができる 2 点間の最小間隔の距離で示される。λ／N.A.（λ：光の波長、通常の光学顕微鏡では人の眼の感度がもっとも良いとされている 550 nm（0.55 μm）で計算することが多い。N.A.：開口数、上の説明を参照）で定義される。

4）作動距離（W.D.; working distance）：

試料にピントがあった状態での、対物レンズの先端とカバーグラス上面との間の距離のことをいう。通常、対物レンズの倍率が高くなるほど作動距離は短くなる。実験で使用する Nikon YS100 では、対物レンズの側面に W.D.○○と表示されている。

2-2 実験① 顕微鏡の使用法と動物組織の観察

2-2-1 目的

陸上植物（plant）、菌類（fungi）、動物（animal）は、多細胞生物（個体の体が複数の細胞で形成されている）を代表する生物である。中でも動物の体を構成する細胞は、以下の概説で述べるように同じような種類の細胞がシート状や不定形の塊状として集まり組織（tissue）と呼ばれる細胞集団をつくっている。今回の実験では、透過型の光学顕微鏡の操作法の基本を習得しながら、既製のカエルの組織標本（プレパラート）を観察し、細胞がどの様に集合して組織を形成しているかを理解する。

2-2-2 動物組織についての概説

動物は、動物界（Animalia）に属する多細胞の従属栄養生物で、多くのものでは、神経系・筋肉系の発達が観られ運動性が高いという他の生物群にない特徴をもつ。また、その細胞レベルでの重要な特徴の一つは、他の多細胞生物群である植物・菌類と違って、細胞膜（cell membrane）の外側に細胞壁（cell wall）をもたないことである。そのため、動物の組織において細胞同士は、隣接する細胞間で細胞膜にある種々の構造によって直接接着している。このような、細胞同士の接着に関わる細胞膜の構造を接着装置とよぶ。接着装置には、図2-10に示すように、隣接する細胞との間を閉鎖してしまうような密着結合（tight junction）、細胞内の細胞骨格系（cytoskeleton）とつながる接着結合（adherence junction）やデスモゾーム（desmosome）などがある。ギャップ結合（gap junction）と呼ばれる隣接細胞間に細胞膜を通して小さな分子やイオンなどを透過させることのできる分子レベルのトンネルを形成する構造がある場合もある。また、細胞と細胞外基質（extracellular matrix）との接着に関わる構造としては、ヘミデスモゾーム（hemidesmosome）がある。現在では、これらの接着装置を形成する具体的な構成分子（タンパク質）も解明されつつある。

このような、種々の細胞接着装置によって細胞集団が形成されるが、その集団はシート状であったり、固まりであったり、繊維状であったり、また、あまり強く結合していなかったりする。こうした細胞集団は組織と呼ばれ、その形態と機能や個体発生過程における由来などに基づいて分類されている。私たちヒトを含む脊椎動物の組織は、上皮組織（epithelial tissue）、結合組織（connective tissue）、筋組織（muscular tissue）、神経組織（nerve tissue）の4種類に分類される。これらの組織が組み合わさって器官（organ）を形成し、また、一連の働きをする器官の集合が器官系（system）を構成する。

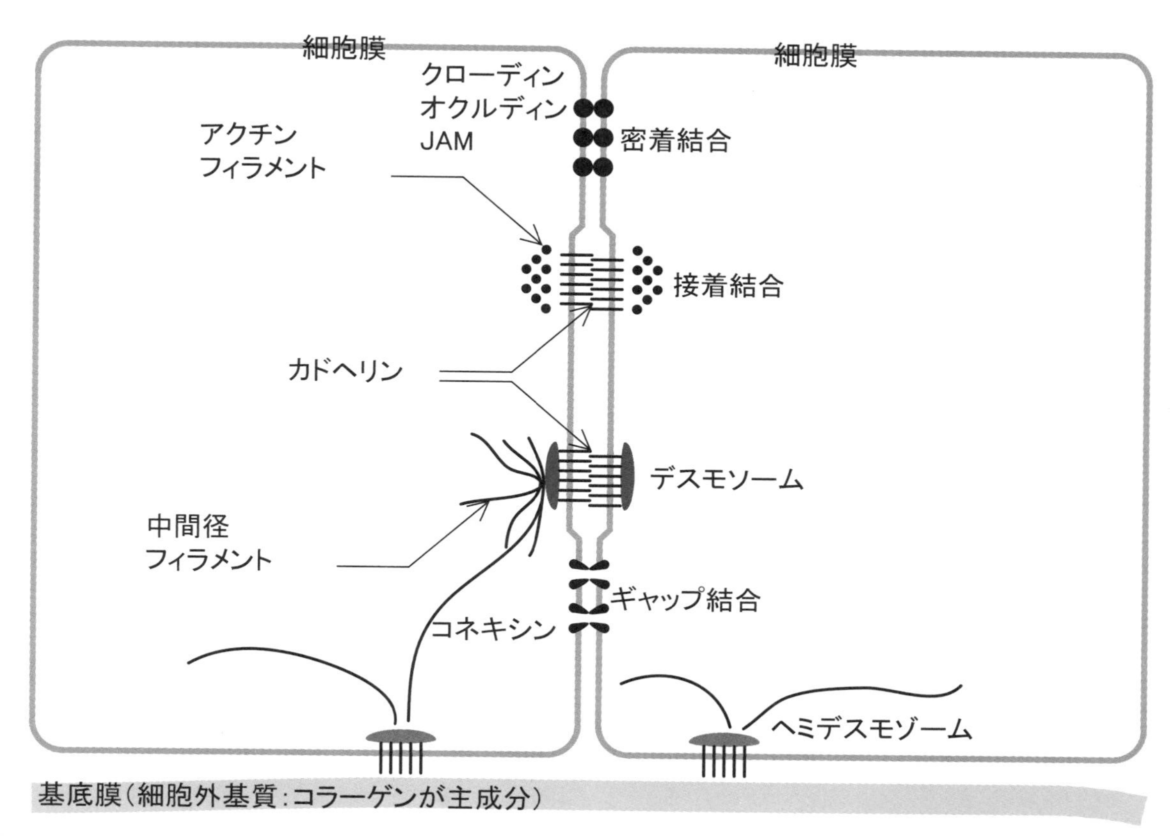

図 2-10　動物の細胞間の接着装置の模式図．図の右側の細胞には接着装置の名称を、左側の細胞には接着装置を構成するタンパク質分子の名称を示している。

◆上皮組織（epithelial tissue）

上皮組織の機能としては、保護・吸収・分泌・感覚などをあげることができる。具体例として、保護上皮、吸収上皮、腺上皮について以下に説明する。

保護上皮（protective epithelium）：

皮膚の表皮（体表を覆う上皮；epidermis）をあげることができる。表皮は互いに密着結合で接着した細胞が多層のシート状の構造を形成したもので、最下層には胚芽層とよばれる盛んに分裂増殖をしている一層の細胞層がある。そこで増殖した細胞は移行層と呼ばれる層へ移動してゆき、全体として多層の細胞シートを形成する。最終的に体表に移行していった細胞は、角質化してやがては垢となって脱落してゆく。この多層の細胞層でできた表皮は、細胞同士が密着結合によってしっかりと接着することによって、体内の水分の損失を防ぐとともに体外からのバクテリアなどの侵入を防ぐ。

吸収上皮（absorbent epithelium）：

消化管の内面を覆う水分や養分の吸収を行う単層円柱上皮で、小腸の上皮からは糖・アミノ酸・脂質などが吸収され、大腸の上皮からは水分が吸収される。また、電解質の吸収なども行う。

消化管の内面を形成する細胞層に含まれる一部の細胞は粘液を分泌する。その粘液は、消化管の内面を保護する働きがある。

呼吸上皮（respiratory epithelium）：

ガス交換を行う肺の扁平上皮は、その働きから呼吸上皮と呼ばれる。また、呼吸上皮といった場合は気道の内表面を覆う上皮全体を指す場合もある。

腺上皮（glandular epithelium）：

分泌機能を持つように特化した上皮は腺上皮と呼ばれる。消化管の上皮から分化してきたものとして、消化酵素を分泌する唾液腺 、膵臓の膵細胞や胆汁を分泌する肝臓などがある。また、内分泌（ホルモンなどの分泌）を行う、膵臓のランゲルハンス島、脳下垂体前葉、甲状腺なども腺上皮組織からできている。

保護上皮である表皮の一部が分泌機能を持つ腺上皮となったものとして、汗腺、粘液腺、皮脂腺などがある。

感覚上皮（sensory epithelium）：

感覚に関与する上皮で、外界からの種々の情報を受け取る働きをする。眼の網膜、鼻腔内面にある嗅上皮、舌の味蕾を含む上皮などがその具体例である。神経系との関連が強い組織である。

◆結合組織（connective tissue）

組織と組織を結びつける働きを持つ真皮（dermis）、体腔内面を覆う漿膜（chorionic membrane）や腸間膜（mesentery）などがある。また、骨（bone）、軟骨（cartilage）、骨髄（bone marrow）、血液（blood）リンパ液（lymph）中の各種血球やリンパ球も結合組織に分類される。

◆筋組織（muscular tissue）

筋組織は、その形態から平滑筋（smooth muscle）、心筋（cardiac muscle）と骨格筋（skeletal muscle）の 3 種類に分類される。

平滑筋（smooth muscle）：

筋細胞同士が融合しておらず、また筋細胞内のアクトミオシン（筋収縮をおこすタンパク質であるアクチンとミオシン）の繊維はそれほど明瞭に組織だっていないため、横紋は観察されない。消化管壁の筋層、血管の筋層などがこの平滑筋で形成されている。自律神経系の支配を受ける不随意筋である。

心筋（cardiac muscle）：

心臓を構成する筋で、筋細胞同士の融合は起こっていないが、各筋細胞はギャップ結合によって電気的につながっているため、心臓の統一のとれた収縮を起こすことができる。また、アクトミオシンは組織だった形態を示し、横紋が観察できる。不随意筋である。

骨格筋（skeletal muscle）：

骨格筋は、多数の筋細胞が融合した長大な多核の細胞（筋細胞）から形成されている。アクトミオシンは高度に組織だっており、横紋が明瞭に観察できる。骨格筋の両端は腱によって関節を挟んで異なった骨に付着している。中枢神経からの指令で収縮する随意筋である。

◆**神経組織（nerve tissue）**

神経組織を構成する細胞は、神経細胞（nerve cell）とグリア細胞（glia cell）である。神経系は、脳と脊髄神経からなる中枢神経系（central nervous system）とそこから体の各部に伸びる末梢神経系（peripheral nervous system）から構成される。これらの神経系を体性神経系（somatic nervous system）とよぶ。また、自律神経系（autonomic nervous system）である交感神経系（sympathetic nervous system）と副交感神経系（parasympathetic nervous system）も体の各部にひろがっている。

神経細胞は細胞体から細長い樹状突起や軸索を伸張させている。樹上突起にあるシナプスで神経伝達物質を受容し、軸索の先端のシナプスを介して筋肉などの効果器や他の神経細胞などに神経伝達物質を放出する。グリア細胞には、軸索を取り巻くミエリン鞘を形成するオリゴデンドロサイトやシュワン細胞、アストロサイト、ミクログリア、上衣細胞などがある。

肉眼レベルで観察可能な大きさを持つ神経組織は、脳・脊髄といった中枢とそこから伸びる神経繊維（軸索の束、白色のひも状に見える）である。各器官や他の組織中にも末梢神経の末端は入り込んでいるが、極細い軸索部分だけであるため、通常の光学顕微鏡では組織標本中に確認することはできない。神経細胞の軸索や樹状突起を観察するためには特殊な染色法を用いることが必要である。

2-2-3　材料

顕微鏡観察用のカエルの組織標本（皮膚、小腸など）。
どの組織標本を観察するかについては、担当教員の指示に従うこと。

観察に供する組織切片標本は、トノサマガエル（***Rana nigromaculata***）の組織・器官片をブアン氏液で固定し、アルコールシリーズによって脱水、キシレンによって透徹した後、パラフィンに包埋し、10 μm の厚さの切片にしたものを、ヘマトキシリン・エオシン染色したものである。

2-2-4　器具

顕微鏡、対物マイクロメーター、接眼マイクロメーター、（レンズペーパー）
スケッチ用のレポート用紙、2H 程度の堅さのよく研いだ鉛筆またはシャープペンシル

2-2-5　観察・レポートの要点

教員から指示された組織標本を観察・スケッチし、指定された部分の長さを計測する。

- 顕微鏡を使用する際には、「**2-1**　顕微鏡の使用法、**2-1-4**　検鏡操作の手順」を参照する。
- スケッチの作成については、「**2-1-5**　顕微鏡観察の記録と実験レポートとしてのスケッチ作成」を参照する。
- 特定の構造についてマイクロメーターを使って計測することを指示される。そのときには、「**2-1-6** マイクロメーターの使用法」の項を参照する。
- スケッチには必ず、各部の名称とスケールバー（50 μm や 100 μm などの、きりの良い長さに対応する直線）を記載する。器官・組織の特徴、各部の名称などについては、以下の「**2-2-6** カエルの各器官・組織についての概説」を参照する。

2-2-6　カエルの各器官・組織についての概説

皮膚（skin）：

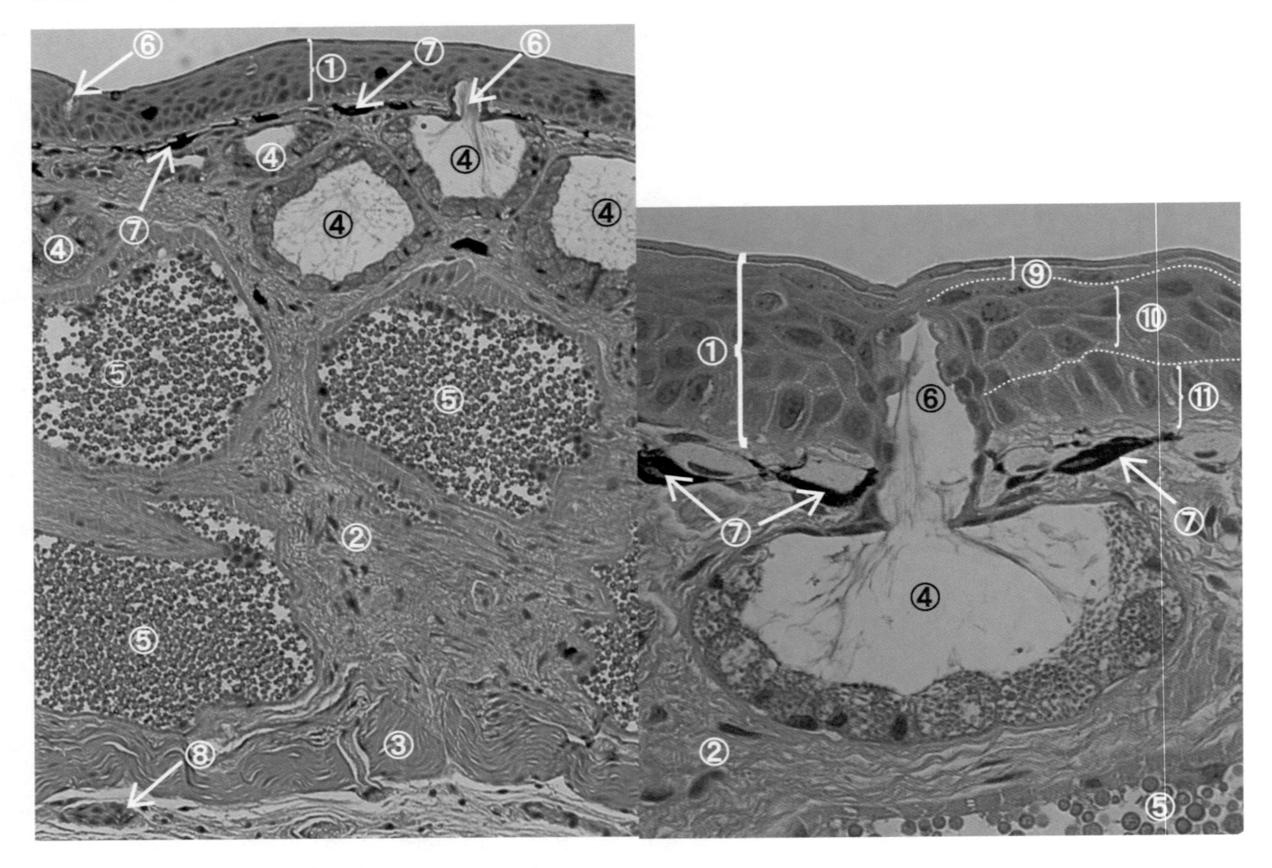

① 表皮；epidermis（上皮；epithelium）
　角質層⑨、移行層⑩、胚芽層⑪からなる上皮組織。胚芽層は、一層の細胞層からなる。

② 海綿層；spongy layer
　結合組織である真皮の層

③ 緻密層；compact layer
　海綿層の下にあるより緻密な結合組織である真皮の層

④ 粘液腺；mucous gland
　粘液を分泌するように分化した上皮細胞（粘液分泌細胞）がつくる分泌腺

⑤ 顆粒腺；granular gland
　顆粒（防御のための忌避物質）を分泌するように分化した上皮細胞（粘液分泌細胞）がつくる分泌腺

⑥ 輸出管；efferent duct

⑦ 色素細胞；pigment cell

⑧ 皮下の血管；blood vessel.

⑨ 角質層；horny layer

⑩ 移行層；migratory layer

⑪ 胚芽層；germinal layer

主に上皮組織・結合組織からなる。重層扁平上皮（stratified squamous epithelium）である表皮（epidermis）と、その下に接する結合組織から成る真皮（dermis）と皮下組織（subcutaneous tissue）から成るシート状の組織が皮膚である。

上皮の最外層は角質化（keratinization）した角質層（horny layer）を形成しており、角質層の細胞は細胞内がケラチンなどで満たされすでに死んでおり、皮膚の表面から順次脱落してゆく。また、上皮の最下層は盛んに分裂増殖する円柱状の細胞が一層に並んだ胚芽層（germinal layer）を形成する。その胚芽層で増殖した細胞は、順次表面へと移行してゆく。そのため、胚芽層と角質層の間の細胞層は移行層（migratory layer）とよばれる。移行層から角質層にかけての体表を覆う細胞同士は密着して、体外からのバクテリアなどの侵入を防ぐとともに体内からの水分の消失を防ぐという重要な働きをしている。

上皮のすぐ下の真皮の層は結合組織である海綿層（spongy layer）で、そこには、上皮から分化した分泌腺である顆粒腺（granular gland）や粘液腺（mucous gland）が観られる。粘液や顆粒を体表に分泌する経路である輸出管（efferent duct）がそれらの分泌腺と体表とをつないでいる。顆粒線からは忌避物質が分泌され、粘液線からは体表を覆う粘液が分泌される。

また、上皮と海綿層の間や海綿層の中には色素細胞（pigment cell）が分布する。この色素細胞の色素の種類によって体色が決まる。また、色素細胞は中に含む色素顆粒を集合させたり拡散させたりすることができ、それによってカエルは体色を変化させる。海綿層の下は、より稠密な結合組織の層である緻密層（compact layer）からできており、その下は皮下組織の層になるが、カエルでは皮下組織はほとんどみられない。結合組織である皮下組織によって体壁筋に接着する。

小腸（intestine）：

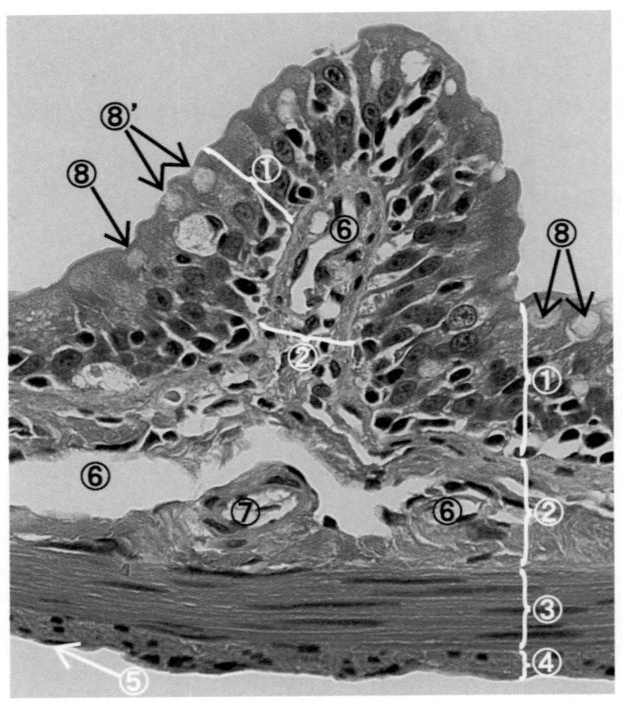

①小腸上皮（small intestine epithelium）
②粘膜固有層（lamina propria mucosae）
③環状筋層（circular muscle）
④縦走筋層（longitudinal muscle）
⑤漿膜（serous membrane）
⑥リンパ腔（lymphathtic cavity）
⑦血管（blood vessel）
⑧杯細胞（goblet cell）
⑧'粘液放出中の杯細胞
⑨腸上皮細胞（enterocyte）
⑩小皮縁（cuticular border）

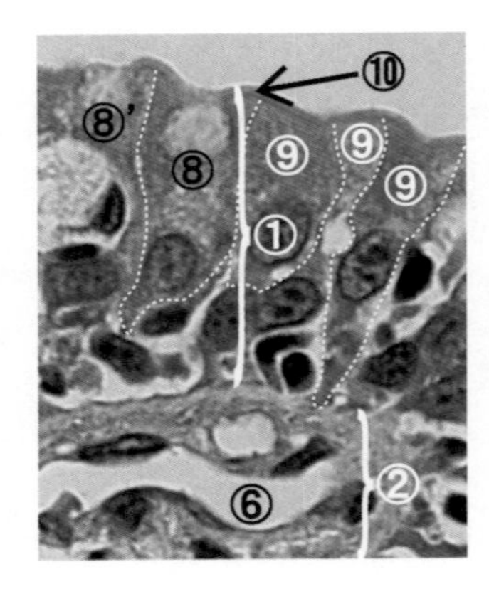

小腸の内壁表面を覆う小腸上皮（small intestine epithelium）は、円柱状の細胞が一層に並んだ単層円柱上皮（simple columnar epithelium）であり、かつ、胃と同様に粘膜上皮でもある。ただし、大部分の細胞は養分を吸収する吸収上皮細胞であり、腸上皮細胞（enterocyte）と呼ばれる。この単層上皮をなす細胞の腸管内面に面した細胞表面は、微絨毛（microvilli）に覆われ、その微絨毛の層は小皮縁（cuticular border）とよばれる。腸上皮細胞の間には、所々に杯細胞（goblet cell）とよばれる粘液分泌細胞が観察される。分泌された粘液は吸収上皮を覆い、ブドウ糖やアミノ酸などの栄養分子は通過させる一方で、バクテリアなどが吸収上皮に接触することを防ぐ。

この上皮層の外側は、粘膜固有層（lamina propria mucosae）とよばれる結合組織に覆われる。粘膜固有層には、吸収したブドウ糖などの栄養分を運ぶ血管（blood vessel）、脂質の吸収と関連するリンパ腔（lymphathtic cavity）が観られる。

消化管の結合組織の層の外側は、胃でも小腸でも消化管全体で環状筋層（circular muscle）と縦走筋層（longitudinal muscle）の二層の筋組織に覆われる。小腸では縦走筋層が収縮すると腸管腔が広がり、環状筋層が収縮すると腸管腔は狭くなる。これを交互に繰り返す蠕動運動によって腸の内容物が輸送される。また、その外側は結合組織である漿膜（serous membrane）に覆われ、小腸の漿膜は腸間膜につながり、体腔壁に固定されている。

胃（stomach）：

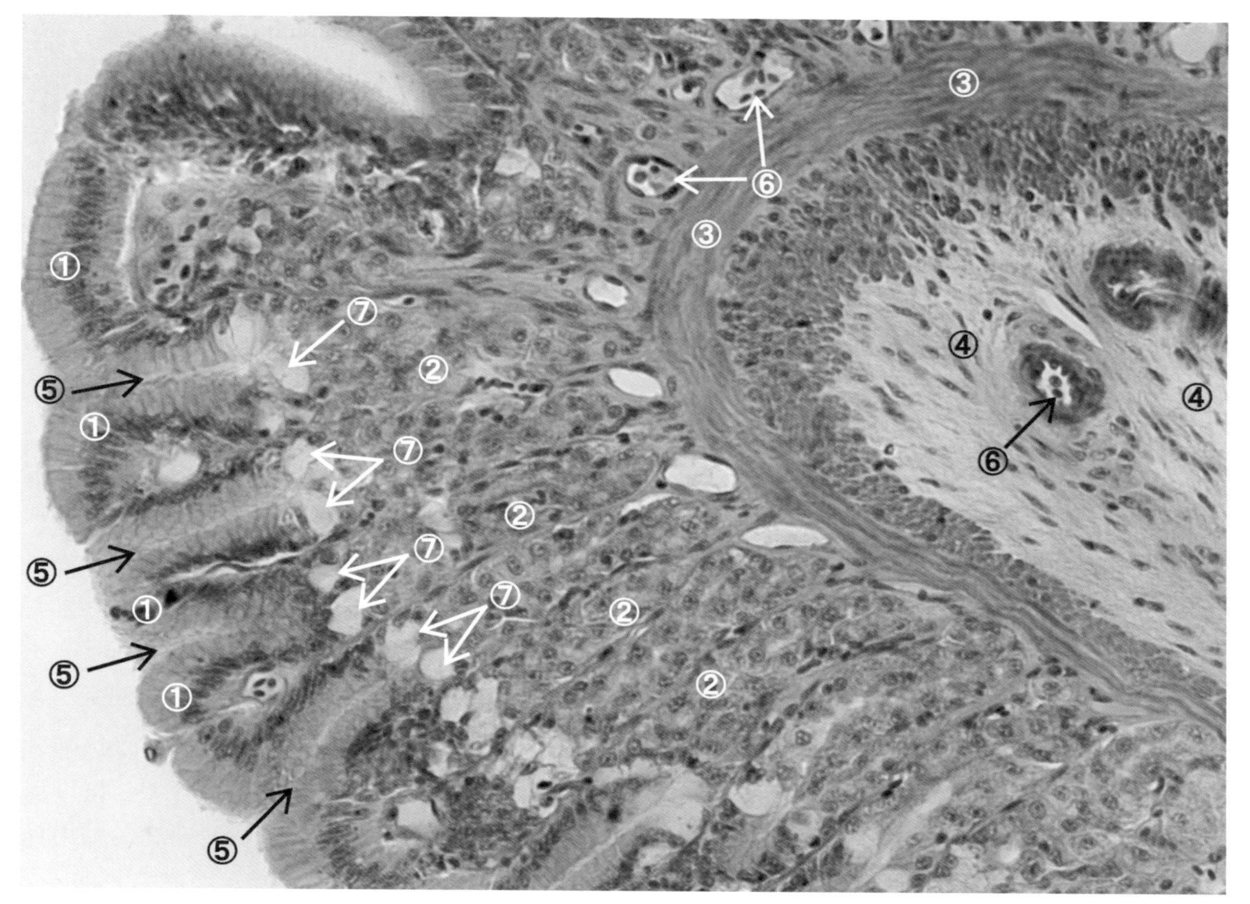

①粘膜上皮（mucosal epithelium）
②胃腺細胞（gastric gland cell）
③粘膜筋板（lamina muscularis mucosae）
④粘膜下層（tela submucosa）
⑤胃小窩（foveolae gastricae）
⑥血管（blood vessel）
⑦粘液細胞（mucous cell）

胃の内壁表面は、粘膜上皮（mucosal epithelium）で覆われており、その下にある粘膜固有層（lamina propria mucosae）と共に、いわゆる胃粘膜を形成している。この粘膜には多数の小孔（胃小窩 foveolae gastricae）があり、その底には胃腺が開口する。粘膜上皮と、胃腺との境には大型の粘液細胞（mucous cell）がある。胃腺細胞（gastric gland cell）からは塩酸を含む胃液が消化液として分泌される。粘液細胞から分泌される粘液は、胃の細胞自体をこの消化液から守る働きもしている。これらの胃粘膜・粘液細胞・胃腺細胞の層は上皮組織である。

胃腺細胞の層の外側は、粘膜筋板（lamina muscularis mucosae）、粘膜下層（tela submucosa）とよばれる結合組織の層が覆う。その外側を平滑筋組織である環状筋層と縦走筋層が覆う。その外側は、結合組織である漿膜に覆われ、漿膜の延長部によって体腔壁に固定されている。

図では、結合組織の外側を覆う筋層、漿膜は表示されていない。

肺（**lung**）：

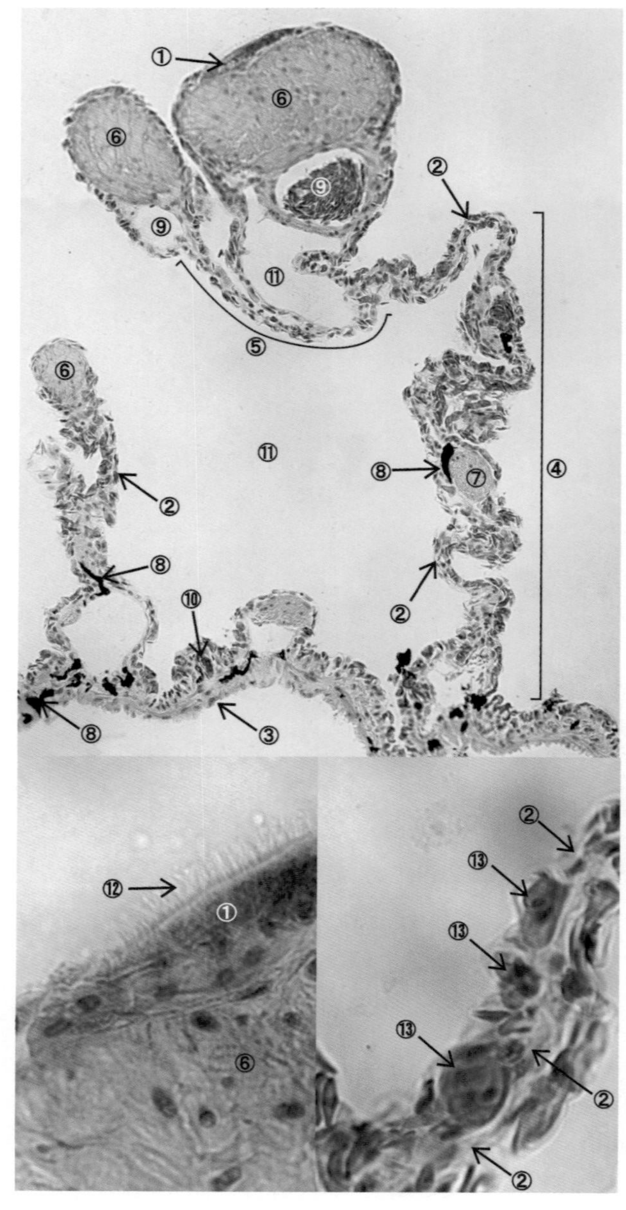

①繊毛上皮（ciliate epithelium）
②呼吸上皮（respiratory epithelium）
③外膜（tunica adventitia）
④一次隔壁（1st septum）
⑤二次隔壁（2nd septum）
⑥隔壁の末端の部分（terminal smooth muscle）
⑦隔壁の途中（central smooth muscle）
⑧色素細胞（pigment cell）
⑨肺静脈枝（branch of veins plumonalis）
⑩肺動脈枝（branch of artery plumonalis）
⑪肺胞（alveolus）
⑫繊毛（cilia）
⑬毛細血管（capillary vessel）

薄い上皮組織と毛細血管がガス交換という肺の機能の中心を担う。カエルの肺は、哺乳類の肺のようには実質化しておらず、ほぼ風船のような構造をしている。しかし、肺の外壁から一次隔壁（1st septum）が立ち上がって迷路の壁のようにつながり、肺の内面を覆っている。さらに一次隔壁から二次隔壁（2nd septum）が分かれてガス交換をする面積を広げている。この隔壁に囲まれた空間が肺胞（alveolus）に相当する。

隔壁の表面を構成するのはきわめて薄く広がった扁平上皮細胞（呼吸上皮；respiratory epithelium）で、その上皮の直下を網細血管（capillary vessel）が肺の外膜側の肺動脈枝（branch of artery plumonalis）から隔壁の上端の棟にある肺静脈枝（branch of veins plumonalis）に向かって網目状に走っている。色素細胞（pigment cell）も所々にみられる。また、隔壁の末端の部分（terminal smooth muscle）、隔壁の途中（central smooth muscle）、外膜の部分には、平滑筋が分布し、隔壁によって囲まれる肺胞部分を伸縮させる。

また、隔壁末端部の表面には、繊毛（cilia）の生えた繊毛上皮（ciliate epithelium）があり、その繊毛運動により肺に入った異物の排出を行う。
肺の体腔に面した外側は外膜（tunica adventitia）に覆われている。

膵臓（pancreas）：

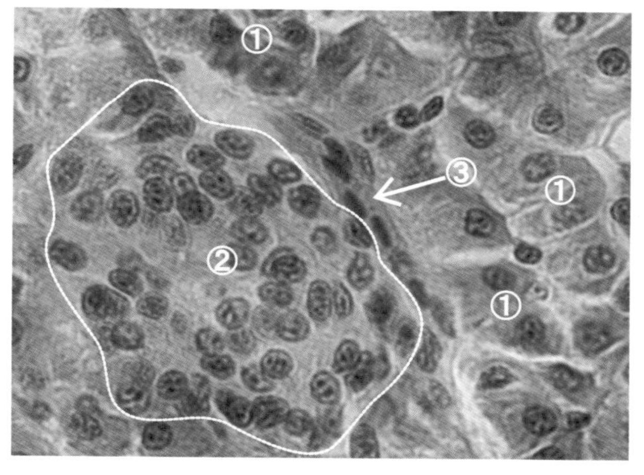

①膵細胞（pancreatic cell）
②ランゲルハンス島（islets Langerhans）
③血管（blood vessel）

消化管内面の上皮組織が起源の器官である膵臓は、消化管の上皮組織から分化して形成された腺上皮からなる器官である。膵臓の実質は外分泌部と内分泌部とに区別される。

外分泌部は、複合管状房状腺であり、最小単位は膵細胞（pancreatic cell）からできている小胞で、膵液とよばれる消化液を分泌する。

内分泌部は、外分泌部の腺房の間隙に散在する特殊な内分泌細胞群でランゲルハンス島（islets Langerhans、写真では点線で囲んで示している）とよばれる。ランゲルハンス島には、インシュリンを分泌する β 細胞、グルカゴンを分泌する α 細胞などが含まれる。ランゲルハンス島から分泌されるホルモン類は血流によって作用部位まで運ばれる。そのためランゲルハンス島近傍には、血管（blood vessel）が分布している。

腎臓（kidney）：

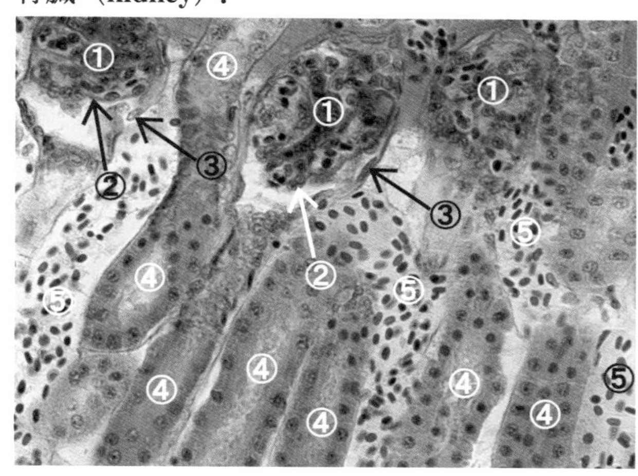

①ボウマン嚢（capsule of Bowman）
②内壁（inner capsule of Bowman）
③外壁（outer capsule of Bowman）
④尿細管（腎小管；renal tubule）
⑤血管（blood vessel）

ネフロン（腎単位）とよばれる細管構造の集合した臓器。腎臓の実質は尿を産生する分泌部である腎単位（nephron）と、その導管部にあたる集合管から成り、一種の複合管状腺とみなすことができる。腎単位は長く迂曲する尿細管（腎小管、renal tubule）で、その近位端は嚢状にひろがりボウマン嚢（capsule of Bowman）をつくる。この嚢のなかに毛細血管の集塊である糸球体（glomrrulus）が深く突入するので、ボウマン嚢は二重の袋のようになる。そのため、内壁（inner capsule of Bowman）と外壁（outer capsule of Bowman）の間の内腔はきわめて狭くなる。このボウマン嚢と糸球体とをあわせて腎小体（renal corpuscles）、もしくはマルピギー小体　（Malpighian corpuscles）とよぶ。血液は、糸球体を通過する間にボウマン嚢内壁によって、尿の成分を濾しとられる。その後、尿細管に入った原尿は、長い尿細管を通るあいだに尿細管を取り巻く血管（blood vessel）の方へ水分その他が再吸収されて、最終的な尿となり集合管へ入ってゆく。

精巣（testis）：

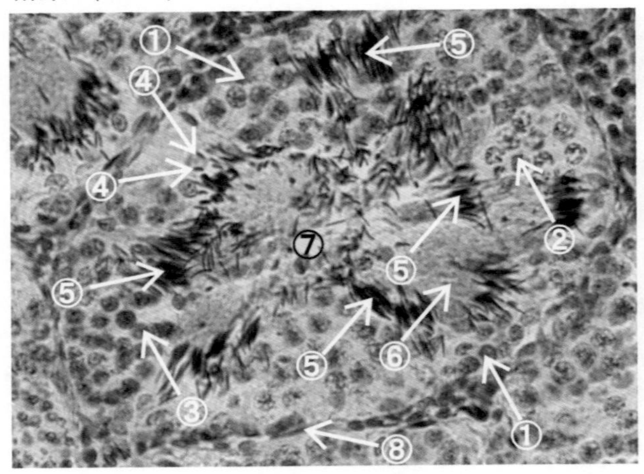

①精原細胞（spermatogonium）
②第一次精母細胞（1st spermatocyte）
③第二次精母細胞（2nd spermatocyte）
④精細胞（spermatid）
⑤精子（sperm）
⑥セルトリー細胞（Sertoli's cell）
⑦細精管（seminiferous tubule）
⑧固有膜

生殖細胞自体は通常の組織（体細胞）とは別のものとされる。

固有膜によって囲まれた細精管（seminiferous tubule）が集合してできた一種の複合管状腺の形態を示す。細精管内には、減数分裂の途中の段階にある、精原細胞（spermatogonium）、第一次精母細胞（1st spermatocyte）、第二次精母細胞（2nd spermatocyte）などや、精細胞（spermatid）、精子（sperm）などの様々な段階の雄性生殖細胞が多数観察される。細精管自体を作る細胞は生殖細胞由来のものではなく体細胞である。また、形成された精子は栄養を供給してくれる体細胞であるセルトリー細胞（Sertoli's cell）に頭部を潜り込ませて、放精されるまで待機している。

軟骨（cartilage）：

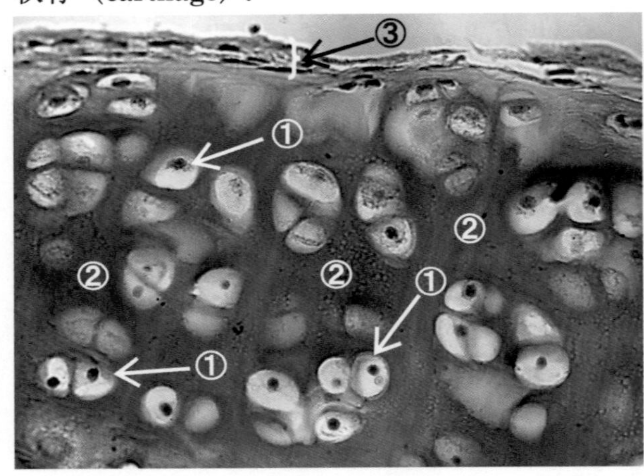

①軟骨細胞（cartilage cell）
②軟骨基質（cartilage matrix）
③軟骨膜（pericondrium, cartilage membrane）

軟骨は純粋な結合組織で、軟骨細胞が分泌した細胞間物質である軟骨基質（cartilage matrix）のなかの小腔（1acuma）に軟骨細胞（cartilage cell）自身が埋まっているという様態を示す。軟骨基質の中央部では、軟骨細胞は球形をしているが、辺縁部では扁平になり軟骨膜（pericondrium, cartilage membrane）を形成する。軟骨細胞は盛んに蛋白質やムコ多糖を合成分泌している。

§３．DNA 実験

3-1　DNA の性質と PCR の原理

3-1-1　概　説

生物が生存しその子孫を残すためには、遺伝子（gene）の情報を読み取り、複製する能力が欠かせない。遺伝子の実体は、細胞内のデオキシリボ核酸（deoxyribonucleic acid, DNA と略）の配列情報で、おもにタンパク質を作る情報（指令）として働く。また、種としての特徴や個体としての特徴を決める情報を担う因子でもある。DNA は、細胞分裂時に正確に複製されてそれぞれの娘細胞へと伝達され、有性生殖･無性生殖を通して世代から世代へと受け継がれる。ここでは遺伝子の実体としての DNA の構造や働き、また DNA の特定部分を増幅する PCR（Polymerase Chain Reaction）法の原理を解説する。

3-1-2　DNA の構造

DNA 分子は、長いポリヌクレオチド鎖からできている。この DNA の構成単位となるヌクレオチド（nucleotide）は、五炭糖のデオキシリボースに窒素を含んだ塩基（base）とリン酸が結合した分子である。塩基には、アデニン（adenine、 A と略）、チミン（thymine、 T と略）、グアニン（guanine、 G と略）、シトシン（cytosine、C と略）の 4 種がある（図 3-1）。4 種類のヌクレオチドは塩基と同じ略号（A、T、G、C）を用いて表示する。

2 本のポリヌクレオチド鎖は、鎖どうしの塩基間で水素結合を形成し、2 重らせん（double helix）の構造をとる。この時、A は必ず T と、G は必ず C との間だけで水素結合を形成する（図 3-1）ため、それぞれのヌクレオチド鎖はもう一方の鎖と厳密に相補的（complementary）なヌクレオチド配列をもつ（図 3-2）。一般に DNA 分子の長さは、塩基対（base pair、bp と略）の数で示され、塩基の並びは塩基配列とよばれる。

DNA は原核細胞では核様体に、真核細胞*では核の中に存在する。真核細胞の DNA は、生物の種ごとに決まった数の染色体（chromosome）にそれぞれ収納されている。染色体は DNA とタンパク質であるヒストン（histone）の複合体からなるヌクレオソーム（nucleosome）が高度に折りたたまれた高次構造により形成されている（図 3-3）。また、一部の生物にみられる性を決定する性染色体を除くと、体細胞には形と大きさの同じ染色体（相同染色体）がそれぞれ 2 本ずつあり、その 2 本 1 組の相同染色体のそれぞれは、受精の際に精子（父親）と卵（母親）から 1 本ずつ伝えられたものである。そのため、有性生殖をする多くの生物では、体細胞が持つ染色体の数を 2n = ○○といった表し方をする。たとえば、ヒトでは 2n = 46、イヌでは 2n = 78、タマネギでは 2n = 16 である。

---

*真核細胞では細胞内小器官のミトコンドリアや色素体（葉緑体）も独自の DNA を持っており、各細胞内小器官の機能に必須のタンパク質の一部をコードしている。

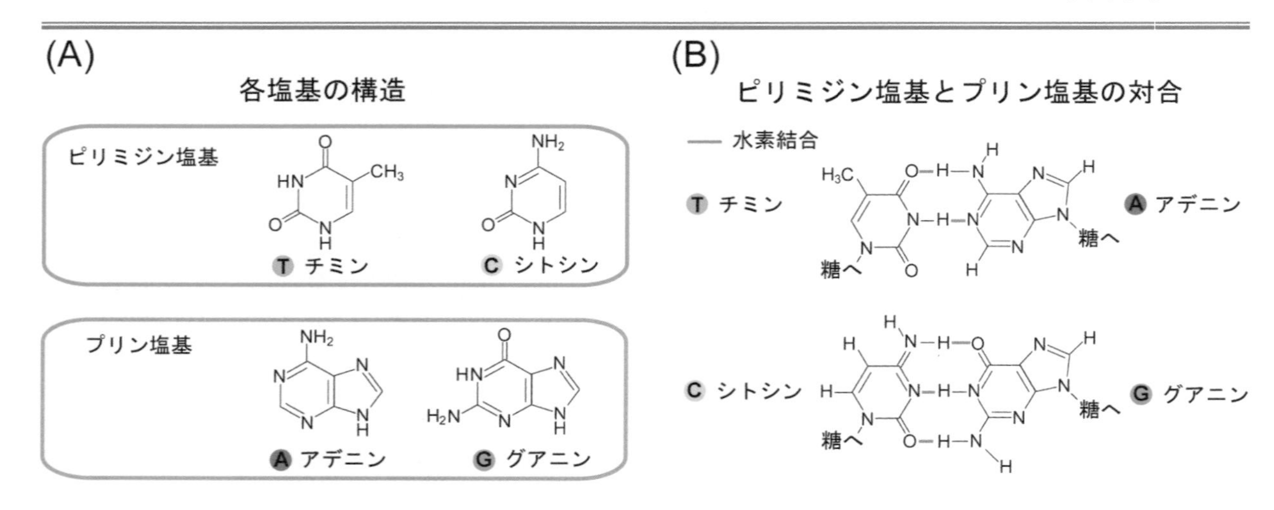

図 3-1　核酸を構成する塩基の構造と DNA 分子内におけるその対合

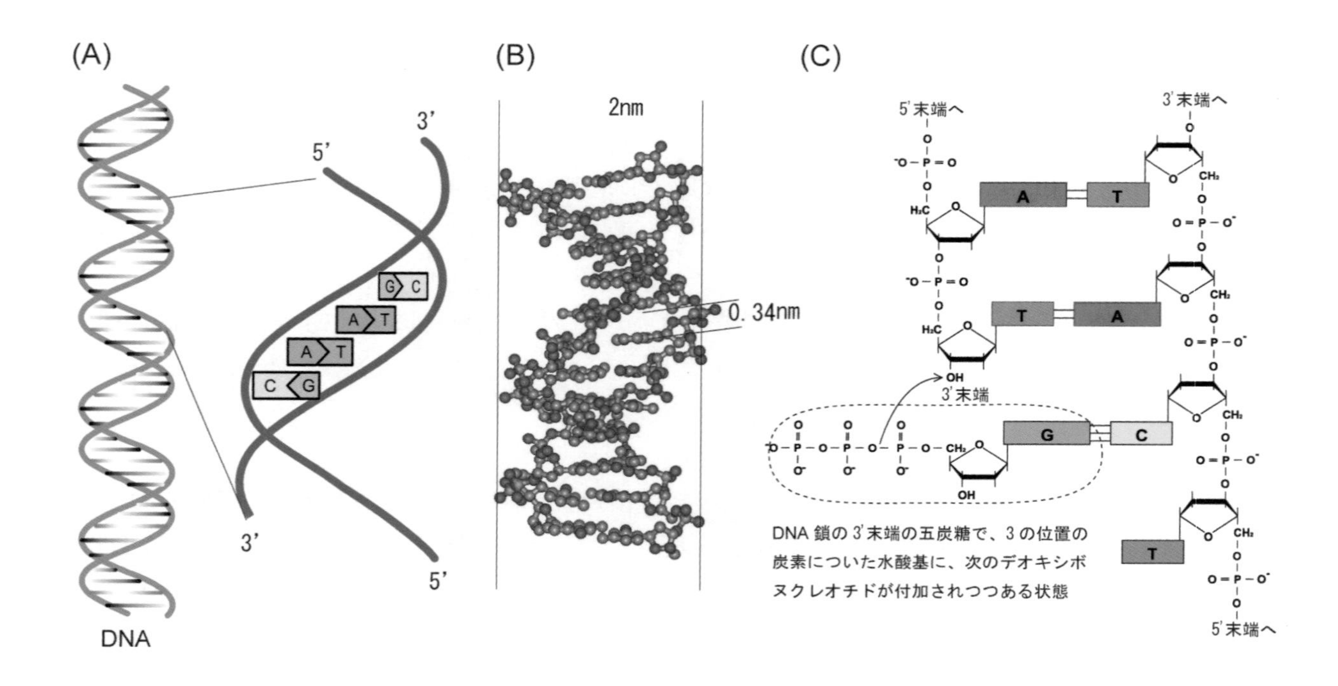

図 3-2　DNA の構造　(A) DNA 分子の模式図。デオキシリボース（五炭糖）に 4 種類の塩基の中の 1 つとリン酸が結合したヌクレオチドの鎖が、交互につながった 2 重らせん構造をとる。(B) 2 重らせん構造をとった DNA では、各塩基対の間隔（つまり梯子状の構造の各ステップの間）は 0.34 nm で、らせん構造の太さは 2 nm である。(C) それぞれの鎖同士をつなぐ五炭糖の連結部分を 5'末端および 3'末端と呼ぶ。DNA 複製の際の伸長方向は 5'→3'である。

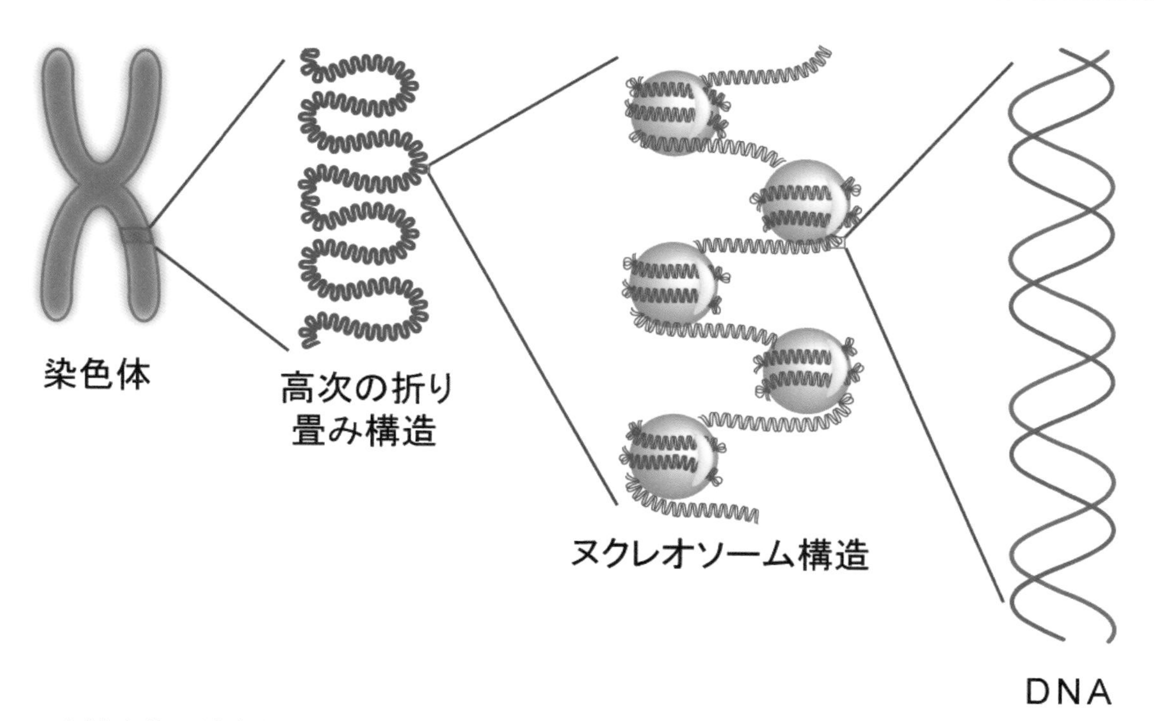

図 3-3　真核生物の染色体　染色体は、2 本鎖 DNA がヒストンに巻き付いたヌクレオソームという構造を作り、それが折りたたまれて凝縮した構造をしている。光学顕微鏡で細胞分裂期に見えるようになった染色体はその凝縮が著しくなったものである。

3-1-3　遺伝情報

DNA の塩基配列のうちの一部が遺伝子としての情報をコードしている。遺伝子の多くは、その生物が作るタンパク質のアミノ酸配列を指定する情報を担っている*。タンパク質は細胞の機能を担う主要な分子で、細胞構造を組み立てる基本成分であり、また細胞内での化学反応を触媒する酵素として、遺伝子の発現を調節し、細胞を移動させ、そして、細胞分裂期には DNA を複製する役割を果たす。遺伝子に相当する DNA の塩基配列の近傍には、調節 DNA 配列（regulatory DNA sequence）も存在し、タンパク質がいつどの細胞で発現するかを決める情報などが指定されている。近年、ヒトおよび研究によく用いられるモデル生物の核ゲノム DNA**の解読が進められ、それぞれの種の遺伝子数がわかってきた。例えばヒト（*Homo sapiens*）の場合、約 32 億塩基対の DNA の中に約 22,000 個の遺伝子領域が含まれている。

---

*近年の研究により、タンパク質を作らないものの、RNA に転写されて機能する領域もゲノム DNA 中に存在することがわかってきている。

**有性生殖をする生物の体細胞では、特定の形質（タンパク質）に対応する遺伝子のセットを 2 つずつもっている。一方は父親から、もう一方は母親から受け継いだものである。そのため、ある生物の全ての形質を決定する遺伝情報は、体細胞に 2 組ずつ含まれることになる。このうち 1 セット分の遺伝情報に相当する DNA をゲノムとよぶ。

DNA にある遺伝情報からタンパク質が合成される転写・翻訳の過程では、リボ核酸（ribonucleic acid, RNA と略）が仲介役として働く。細胞に特定のタンパク質が必要となると、まず、染色体の長大な DNA 分子から適切な部分の塩基配列が RNA ポリメラーゼという酵素の働きにより、RNA に転写（transcription）される。真核細胞の遺伝子では、タンパク質を指定するエキソン（exon）と呼ばれる比較的短い DNA 領域にイントロン（intron）と呼ばれる長い非指定領域が介在している。転写された RNA は、RNA スプライシング（RNA splicing）という反応によってイントロンが除かれ、さらに RNA プロセシング（RNA processing）という反応でキャップ（cap）構造やポリ A 末端（poly-A tail）などの特徴的な修飾を受けたメッセンジャーRNA（messenger RNA, mRNA と略）となる。mRNA の塩基配列は 3 つ続いた塩基が 1 単位となって 1 つのアミノ酸に対応するコドン（codon）と呼ばれる遺伝暗号になっている（参考資料 4-3)。このコドンに対応したアミノ酸がトランスファーRNA（transfer RNA、tRNA）によって運ばれ、次々に連結されてタンパク質が合成（翻訳）される（図 3-4)。このような DNA から RNA を介してタンパク質が合成される仕組みは、細菌からヒトに至るあらゆる生物に共通した仕組みであり、セントラルドグマ（central dogma）とよばれる。

RNA では、DNA のアデニン（A）に対してウラシル（urasil, U と略）が対合塩基として利用される。塩基 A は DNA の T とも、RNA の U とも対合する。

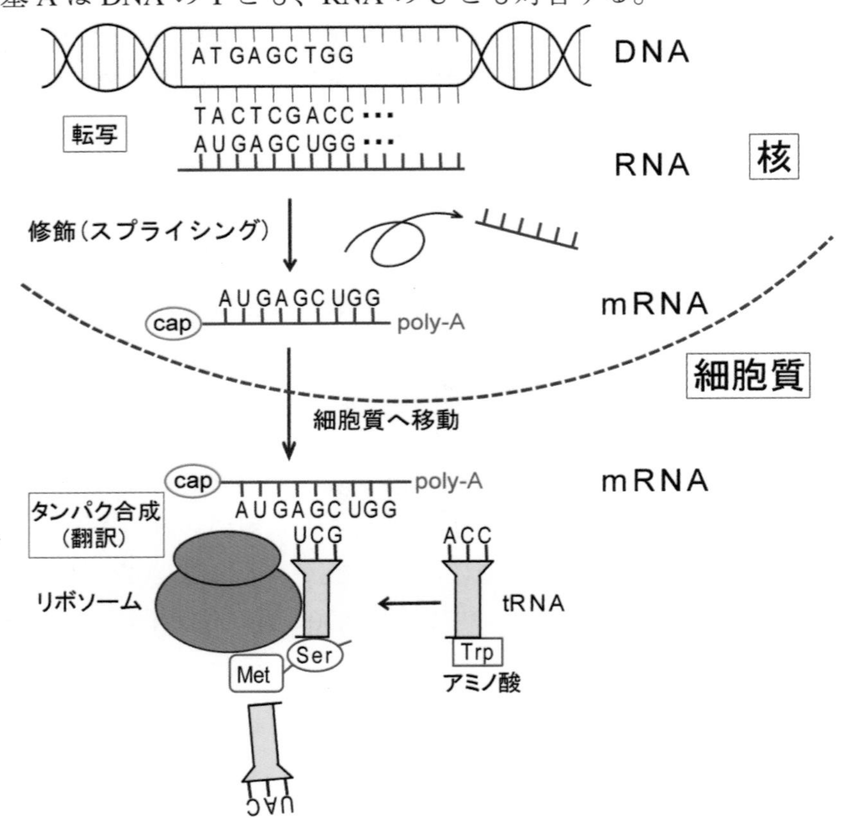

図 3-4 真核生物のタンパク質合成過程の概略図　　核内の DNA の一方の鎖から RNA が転写され、修飾を経て mRNA となって細胞質へ移動する。細胞質では、リボソーム（RNA とタンパク質からできている巨大分子複合体）において、mRNA のコドンに対合するアンチコドンを持った tRNA によりアミノ酸が運ばれ、タンパク質の合成（翻訳）が行われる。図では、1 番目のアミノ酸・メチオニン（Met）と 2 番目のアミノ酸・セリン（Ser）がすでに結合されており、そこに 3 番目のトリプトファン（Trp）が tRNA によって運ばれてきている。

3-1-4　PCR（Polymerase Chain Reaction）の原理

PCR法は、1986年にキャリー・マリスによって考案された、試験管内で短時間に大量に特定のDNA領域を複製する方法である。マリスはこの業績によって1993年にノーベル化学賞を受賞した。PCR法では、複製の鋳型となるDNA鎖、複製の起点として働くプライマー（20塩基ぐらいからなる短い1本鎖DNA）、およびDNA複製酵素である耐熱性DNAポリメラーゼ（Taq polymerase）を用いる。プライマーは2本鎖DNAのそれぞれの鎖において結合するため2種類用意する必要があり、これをプライマーセットと呼ぶ。プライマーセットはそれぞれPCR反応の始点と終点として働くことになり、結果としてプライマーセットで挟まれた遺伝子領域だけが増幅することになる。目的領域の塩基配列をそのまま写し取る形のプライマーをフォワードプライマー（センスプライマー）、塩基配列を逆向きに写し取る形のプライマーをリバースプライマー（アンチセンスプライマー）と呼ぶ。

2本鎖のDNAはそのままでは複製の鋳型とはならない。そこで、まず試験管の温度を高温（95℃）にして1本鎖へと解離させる。これを熱変性ステップとよぶ。その後、温度を下降させることで、プライマーを鋳型となるDNA鎖に相補的に結合させる。これをアニーリングステップとよぶ。プライマーの半数が相補的に1本鎖DNAに結合する温度をTm値（℃）で表し、通常はTm値よりも5℃低い温度をアニーリングステップに用いる。続いて、使用している耐熱性ポリメラーゼの活性が最も高くなる温度に設定して反応を行わせる。これを伸長ステップとよぶ。DNAポリメラーゼは、反応溶液中に含まれる4種類のdNTP（dATP、dTTP、dCTP、dGTP）を、プライマーが結合した1本鎖DNAを鋳型としてプライマーの3'端へ付加してゆく。

PCR反応では、上記の3つの異なる温度ステップを1サイクルとして、このサイクルを繰り返すことで、2つのプライマー（フォワードプライマーとリバースプライマー）に挟まれたDNA領域を指数関数的に増幅する。すなわち、n回目のPCRサイクルで新たに複製されたDNA鎖は、n+1回目のサイクル以降では複製の鋳型として働く（つまり鋳型DNA配列が2倍に増幅される）ため、標的となるDNA領域はPCRサイクル毎に2倍ずつ増幅されることになる。

耐熱性でないポリメラーゼは至適反応温度が低く、また熱変性ステップでの高温により失活するため、1サイクル毎に酵素を新しく補充する必要がある。そこで、温泉などから採取された熱に強い好熱性細菌由来の耐熱性ポリメラーゼを用いることにより、温度を変えることだけで一連の反応を繰り返し進められるようになっている。

ごく微量の鋳型DNAさえあれば、短時間で標的とするDNA配列を増幅することができるPCR法は現代社会のさまざまな分野で応用されている。医療分野ではウイルスや病原菌への感染の有無の診断、遺伝病や癌の診断、食品の安全性検査などにPCR法が使われることがある。また、DNAの塩基配列が個人によって異なる部分があることを利用して、犯罪の事件現場に残された毛髪や血痕から犯人を推定するためのDNA鑑定も行われるようになってきた。さらに生物の生存にとって重要な役割を果たすミトコンドリアの遺伝子変化（変異）など、対象とする生物に共通した遺伝子の塩基配列の変化を追うことで、人類学における人類や民族の起源や、生物の系統進化を探る研究が盛んに行われるようになってきた。PCR法に代表される分子生物学的技術革新はいまや考古学や材料工学などにも広がりを見せており、今後の発展が期待される分野となっている。

3-1-5　電気泳動の原理

核酸（DNA や RNA）はリン酸塩の 1 種であり、中性 pH 付近では負電荷を持つ。よって、溶液中に電流を流した時にはプラス極に集まる性質がある。溶液内に支持体（分子的なふるいであり、図 3-5 ではアガロースゲル断面図の網目として示している）が存在する場合、支持体の中を核酸がプラス極側に移動する速度は、核酸の分子量（長さ）が大きくなるほど遅くなる。これは、核酸は 4 種類のヌクレオチドの繰り返しで構成されているが、これらのヌクレオチドの持つ電荷が等しく、また核酸の幅は約 2 nm で一定であり、長さのみが異なる高分子であるため、移動速度が核酸の長さにほぼ反比例するからである。この性質を利用して、核酸の電気泳動では核酸を分子量順に容易に分離できる。この原理は、同様に負電荷を持つタンパク質にも適用可能であるが、タンパク質の場合は形や大きさ、電荷が様々に異なるため、精密な分離にはさらに種々の工夫が必要となる。電気泳動によってふるい分けされた分子は、分子量の同じものが同じ位置を占め、このひとかたまりの分子の集まりが帯状になることから、バンドと呼ばれる。

DNA の電気泳動でもっとも頻繁に用いられる支持体はアガロース（高純度寒天）ゲルである。この他に、さらに精密な分離にはポリアクリルアミドゲルが用いられる。電気泳動で分離した DNA のサイズを見積もるために、既知の分子量マーカーを同時に泳動し、分離した DNA の相対移動度から、DNA サイズを推定する。

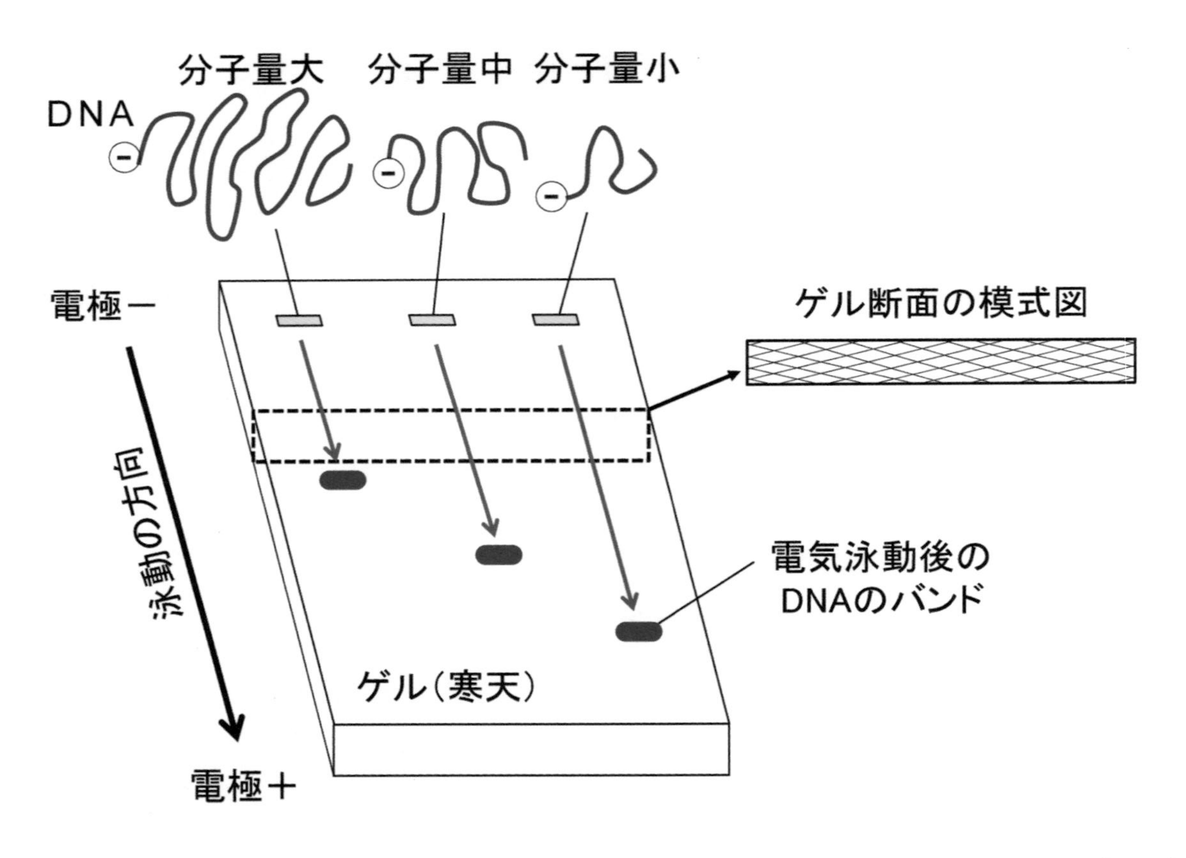

図 3-5　核酸の電気泳動の原理　核酸（青線）は負の電荷を持つため、電流を流すとプラス極に引っ張られる。しかし、支持体（ゲル）の作るセルロースの分子的なふるいを通過する際に抵抗を受けるため、移動する速度は、核酸の分子量（長さ）が長くなるほど遅くなる。

3-1-6　DNA の蛍光染色

核酸は無色透明であるため、何らかの方法で染色を行って電気泳動された DNA のバンドを可視化する必要がある。この際に一般的に使用されるのが、エチジウムブロマイド（ethidium bromide、図 3-6）である。核酸が負電荷を持つのに対してエチジウムブロマイドは正電荷を持つ。このためエチジウムブロマイドは核酸に結合しやすい性質を持つ。さらに、2 本鎖 DNA あるいは 2 本鎖 RNA に対しては、塩基対の間にはまり込んで強く結合する。この結合により、エチジウムブロマイドは紫外線を吸収して、590 nm 付近の波長を持つ赤橙色の強い蛍光を発するようになる。この性質を利用して、電気泳動時、あるいは泳動後にエチジウムブロマイド溶液による染色を行い、核酸を可視化することができる。

核酸に強く結合することから、エチジウムブロマイドは強い変異原性や発ガン性を持つと考えられている。取扱いには充分注意すること。また、蛍光の誘起には比較的強い紫外線ランプを用いる。直接肉眼でランプを見つめたり、長時間皮膚を照射させたりすることがないように注意が必要である。

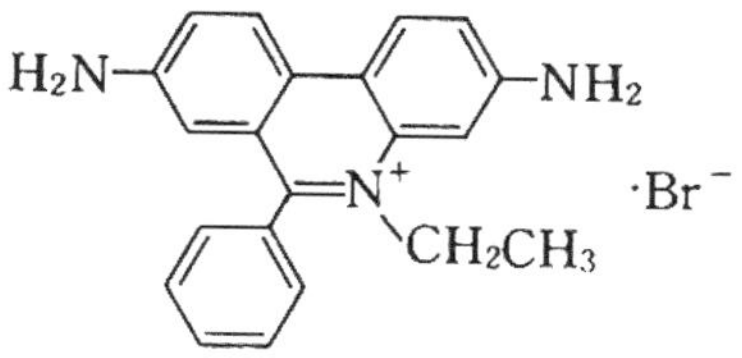

H_2N　NH_2　N^+　CH_2CH_3　$\cdot Br^-$

図 3-6　エチジウムブロマイドの構造式

3-2　分子生物学実験に使用する器具の操作法

3-2-1　マイクロチューブ

分子生物学実験では、マイクロリットル（μl）単位の容量の溶液を扱うため、特別な小さい容器が必要となる。本実習で使用するマイクロチューブは、最大容量 0.2 ml（PCR チューブと呼ぶ）、0.5 ml と 1.5 ml（1.5 ml チューブと呼ぶ）の 3 種類である。各チューブには蓋がついており、蓋の開閉は、チューブ内の溶液が飛び散らないようにできるだけ丁寧に行う。溶液の入ったチューブは専用のチューブスタンドに立てておく。

3-2-2　マイクロピペット

マイクロピペットは、マイクロリットル（μl）単位の溶液を計量し分注するため器具である。本実習で用いるマイクロピペット P20（小）、P200（中）、P1000（大）で、先端に使い捨てのチップを装着して使用する。このとき、直接手でチップに触れないこと。

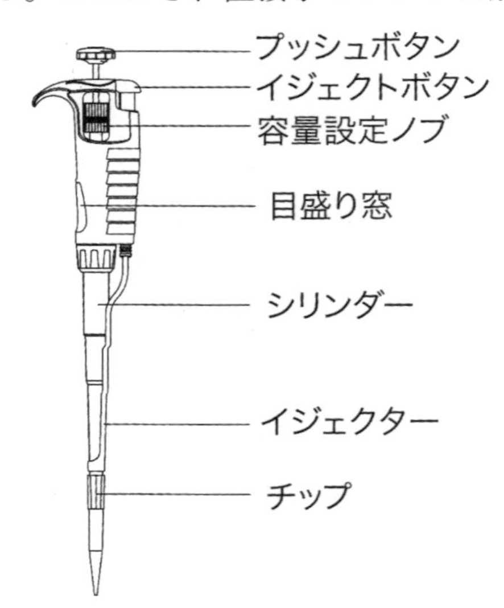

図 3-7　マイクロピペット（HTL、 P20-200）の外観

操作方法

(1) マイクロピペットの容量設定ノブを回し、必要量に目盛りを合わせる。

(2) チップラックにセットされたチップにマイクロピペットのシリンダーの先を真上から差し込み、しっかり押し付ける。

(3) プッシュボタンを第一ストップまで押し込み、チップの先端を溶液に浸け、ゆっくりとプッシュボタンを戻す。この時、急いでプッシュボタンを戻すと、溶液が飛散してマイクロピペット内部を汚染し、更に、溶液中に気泡が混入して計量が不正確になるので注意する。

(4) チップの先端を移すべきマイクロチューブの底につけ、プッシュボタンを第一ストップまでゆっくりと押し、一呼吸おいてから第二ストップまで押し込みチップ内の溶液を完全に排出し、プッシュボタンを押した状態のままでマイクロピペットをチューブから離す。

(5) 使い終わったチップは廃棄用容器の上でイジェクトボタンを押してはずす。

3-2-3　ボルテックスミキサー

試験管やチューブの底部を高速振動させることで、内容液を撹拌する器具。

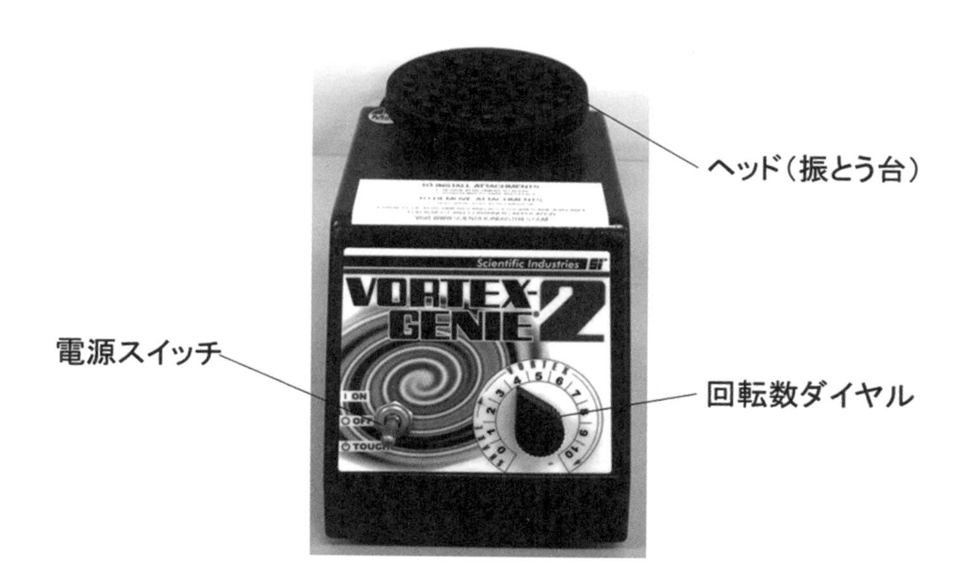

図 3-8 ボルテックスミキサー（Vortex-Genie 2、Scientific Industries）の外観

操作方法

1. 回転数ダイヤルを最大にセットする。
2. 電源スイッチを ON にし、ヘッドを振動させる。
3. マイクロチューブの底部をヘッドに軽く押し当て、サンプルを撹拌する。
4. 撹拌後、電源スイッチを OFF にする。

3-2-4　小型高速遠心機

マイクロチューブ（1.5 ml チューブ）に入った試料溶液の遠心分離操作を行う機械。300～13,200 回転／分の範囲の遠心分離操作を行うことができる。分子生物学実験では、細胞断片や核酸の微細粒子を遠心分離で沈殿させるために用いる。

図 3-9 小型高速遠心機（eppendorf 5415D）の外観

操作方法（遠心機の操作は教員または TA が行う）

1. メインスイッチを入れ、回転数（本実習では 13,200 回転／分）をセットする。
2. マイクロチューブが対称になるようにローターにセットする。マイクロチューブが奇数本の場合は、必ずバランス用のマイクロチューブをセットする。
3. 内蓋を閉めてから外蓋を閉じ、時間をセットして、スタートボタンを押す。
4. 回転が完全に止まったら、蓋を開け、慎重にマイクロチューブを取り出す。

3-2-5　サーマルサイクラー

PCR による DNA 断片の増幅を行う装置。チューブブロックの温度をプログラムに従い変動させ、PCR を行う。

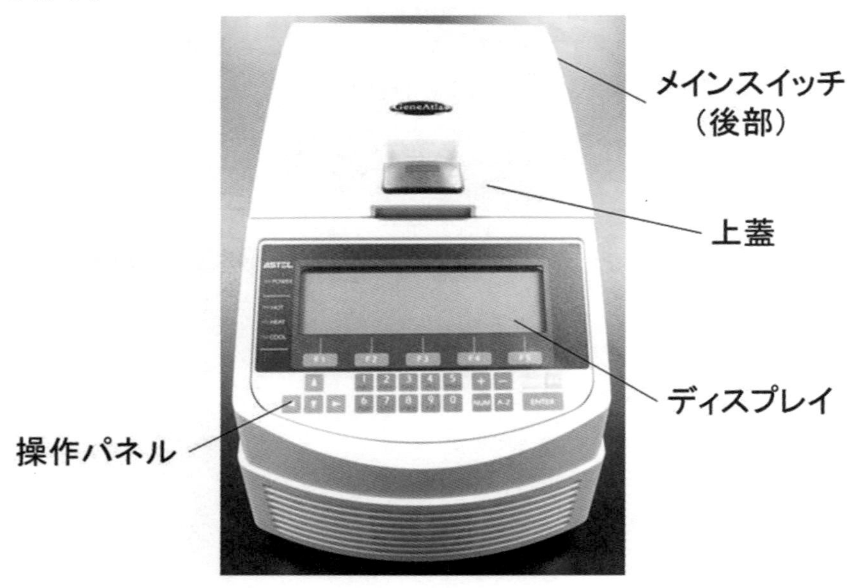

図 3-10　サーマルサイクラー（GeneAtlas 482、ASTEC）の外観

操作方法（サーマルサイクラーの操作は教員または TA が行う）

1. メインスイッチをいれ、サーマルサイクラーを起動する。
2. 目的のプログラムを選択し、内蓋、チューブブロックの加熱を開始し、スタンバイモードで待機する。

よく使われる PCR による DNA の増幅プログラムは、以下のようなものである。

①初期の DNA 二本鎖の解離：　95℃　数分
②DNA 二本鎖の解離　　95℃　数十秒
③プライマーのアニーリング　　XX℃　数十秒～数分
（温度、時間ともにプライマーの組成に依存）
④DNA の合成（伸長）　　72℃　数十秒～数分
（増幅する DNA の長さに依存）

以上の②～④の 3 つのステップを十数回から数十回繰り返す。

⑤増幅産物の低温保持　　10℃

3. PCR チューブをセットし、蓋を閉めてからプログラムをスタートする。
4. プログラム終了後、蓋を開け、PCR チューブを取り出す。

3-2-6　ヒートブロック

試薬や試料をチューブに入れ、一定温度で加温するための器具。

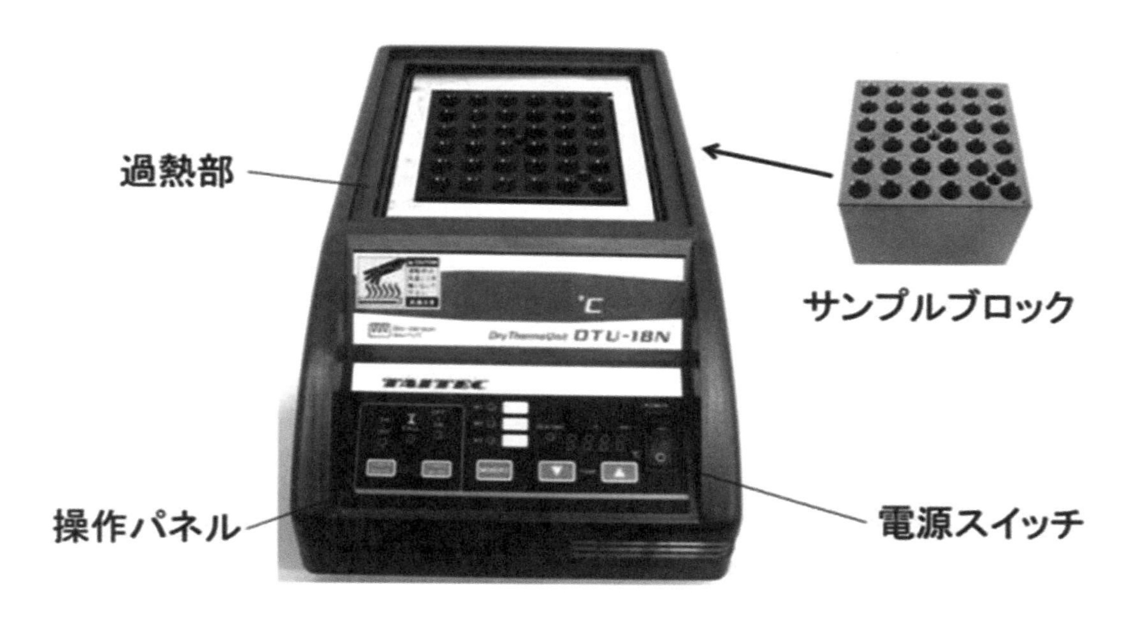

図 3-11　ヒートブロック（OUT-1BN、TAITEC）の外観。

操作方法（ヒートブロックの操作は教員または TA が行う）

1. メインスイッチを入れ、温度をセットする。
2. マイクロチューブをサンプルブロックにセットする。
3. プログラム終了後、マイクロチューブを取り出す。

3-2-7　分光光度計

光の透過率を測定することで、溶液中に溶けた物質の定量・定性分析を行う機器。分子生物学実験では、主に核酸（DNA、RNA）やタンパク質の濃度を測定する。核酸やタンパク質などには、特定の波長の光を吸収する性質があり、特定の波長の光を当てた際に吸収された光の割合（吸光度）を測定することで、サンプルに含まれる物質濃度を求めることができる。核酸は 260 nm 付近、タンパク質は 280 nm 付近の紫外光をそれぞれよく吸収する。

DNA は光路長が 1 cm のキュベットで測定した際に、260 nm での吸光度 1.0 が 50 µg/ml に相当するため、以下の式より DNA の濃度を算出できる。

【DNA 濃度 ＝ 吸光度×50 µg/ml×希釈率】

また、タンパク質の混入があると 280 nm と 260 nm への吸光度の影響があるため、【260 nm の吸光度／280 nm の吸光度】の比を算出することで、DNA の純度を知ることができる（純度の高い核酸は比が 1.8～2.0 の値を示す）。

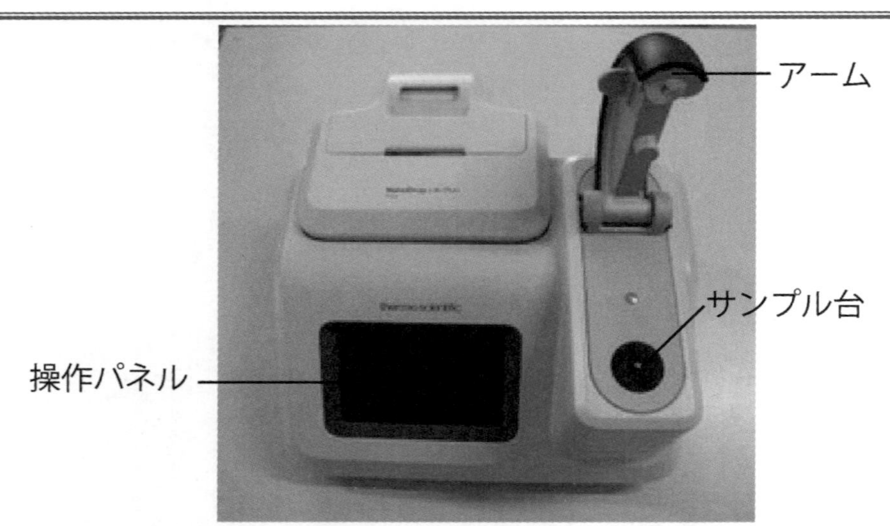

図 3-12　分光光度計（Nanodrop Lite Plus、ThermoFisher）の外観。

操作方法（分光光度計の操作は教員または技術職員が行う）

1. メインスイッチをいれ、分光光度計を起動する。
2. 設定画面で計測設定（核酸の種類（dsDNA: 二本鎖 DNA）の選択）を行う。
3. アームを上げ、マイクロピペットを用いてサンプル台にブランク溶液を 1 μl 滴下する。アームを下げて、操作パネルの指示に従ってブランクの測定を行う。
4. サンプル台およびアームからブランク溶液をふき取り、蒸留水でリンス後、乾燥させる。
5. 3 と同様に、マイクロピペットを用いて DNA サンプル 1 μl をサンプル台に滴下し、アームを下げてサンプル測定を行う。
6. 使用後はサンプル台・アームに付着したサンプル溶液をふき取り、蒸留水でリンス後、乾燥させる。

3-2-8　DNA 電気泳動装置

アガロースゲルを担体とした電気泳動により、DNA を分子量に応じて分離する装置。

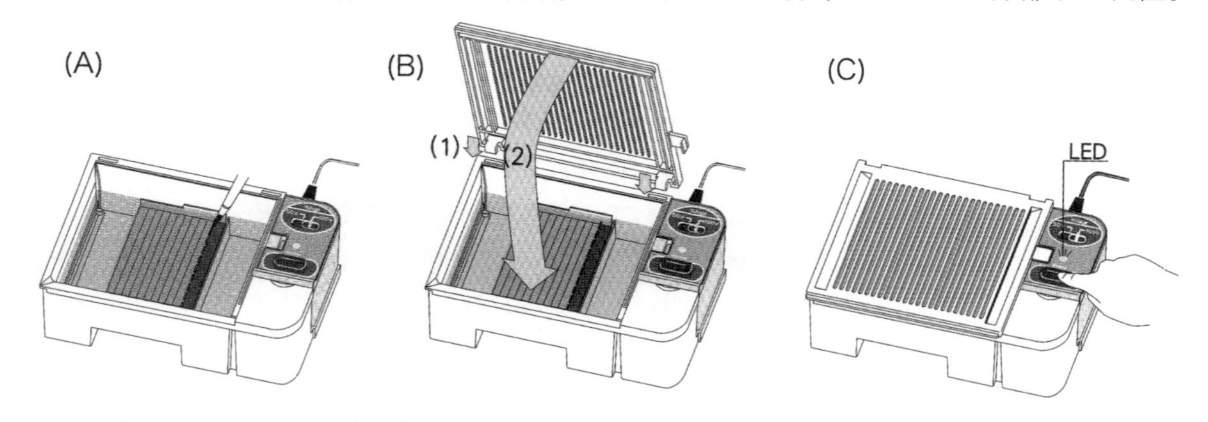

図 3-13　DNA 電気泳動装置（ADVANCE、Mupid-2plus）の外観と操作手順

操作方法

1. アガロースゲルを慎重に泳動槽にセットする。ゲルの向きに注意すること。
2. マイクロピペットを用いて試料をアプライする（A)。

3. 上蓋を閉め（B）、電源ボタンを押し、泳動を開始する（C）。このとき、出力表示 LED が点灯し、泳動槽両端の白金電極から気泡が発生していることを確認する。
4. 2 種類の泳動用色素が、ゲルを三分割するくらいまで泳動されたら、電源ボタンをもう一度押して泳動を停止する。
5. 出力表示 LED が消灯したことを確認し、上蓋を取り外し、ゲルを丁寧に取り出す。

3-2-9　ゲル撮影装置

アガロースゲル中で電気泳動によって分離された DNA をエチジウムブロマイド等の蛍光色素を用いて染色したものを紫外線（UV）照射装置で可視化し、CCD カメラを用いて撮影を行う装置。

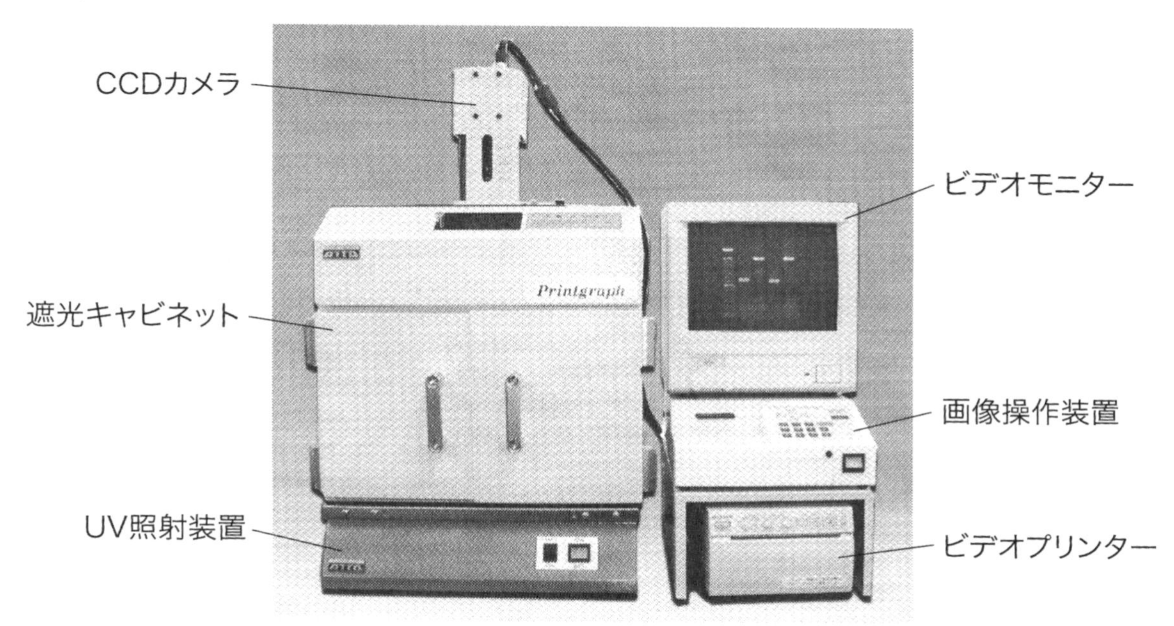

図 3-14　ゲル撮影装置（ATTO、プリントグラフ）の外観

操作方法（ゲル撮影装置の操作は教員または TA が行う）

1. ゲル撮影装置、付属品のすべてのスイッチを入れる。
2. ゲルトレイに載せたアガロースゲルを遮光キャビネットの所定の位置に置き、扉を完全に閉める。
3. UV 照射装置を点灯させ、ビデオモニターを見ながら、ピント、露光時間を調節する。
4. 必要枚数の写真をビデオプリンターによりプリントする。
5. 撮影後のゲルを指定の廃棄容器に捨てる。

3-3　実験②　植物からの DNA 抽出と PCR

3-3-1　目　的

DNA の抽出と PCR を通して、分子生物実験の基本的な作業工程と原理を理解する。

3-3-2　概　説

任意の生物組織から DNA を抽出し、特定の遺伝子領域を PCR で増幅する操作は、多くの分子生物学において共通する、もっとも基本的な手法のひとつである。ここでは、ブロッコリーを用いた DNA 抽出と特定遺伝子の PCR までの操作を通して行うことで、DNA および PCR の性質について理解を深める。またプライマーの組み合わせで増幅する遺伝子領域が決定されるということを実感するために、異なる 2 種類のプライマーセットを用いて PCR を行う。各セットでは、フォワードプライマーは同一のものを使用するが、リバースプライマーの設計位置が異なっているため、長さの異なる領域を増幅することになる。さらに遺伝子領域の増幅過程を観察するために、異なるサイクル数で PCR 反応を行い、結果を比較する。

3-3-3　PCR で増幅する遺伝子の紹介

 # リブロース 1,5-ビスリン酸カルボキシラーゼ/オキシゲナーゼ（ribulose 1,5-bisphosphate carboxylase/oxygenase; RubisCO 、以後ルビスコ）大サブユニット遺伝子（*rbcL*）

ルビスコは光合成による二酸化炭素の同化経路、カルビン - ベンソン回路（Calvin-Benson cycle）において、二酸化炭素固定を触媒する唯一の酵素である。光合成生物では葉緑体に局在しており、地球上でもっとも多量に存在するタンパク質として知られている。

今回の PCR ではルビスコの大サブユニットをコードする遺伝子（*rbcL*）を増幅する。葉緑体は光合成を担う細胞内小器官で、クロロフィルやカロテノイドなどの光合成色素を持つため、緑色に見える。このため、葉緑体の多い植物組織は緑色を呈する。葉緑体は、植物細胞内に散在しており、核 DNA とは別に cpDNA と呼ばれる独自の環状構造を持った DNA を有している（図 3-15）。ルビスコの大サブユニットをコードする遺伝子は、この葉緑体 DNA の中にあり、核とは独立して分裂・翻訳が起きるなど、核にコードされる遺伝子とは様々な違いが見られる。ルビスコの遺伝子配列は、特に高等植物のグループ内で保存性が高い。

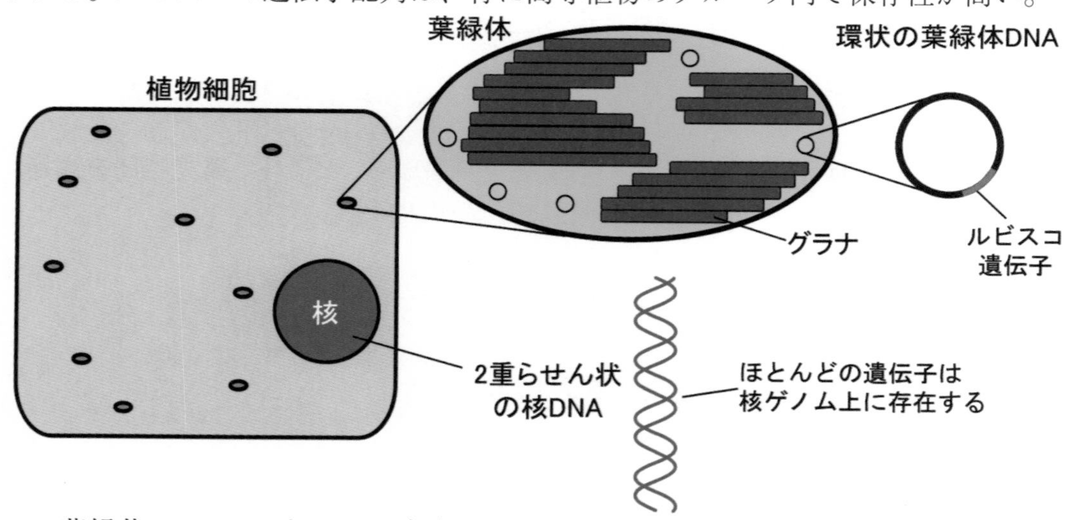

図 3-15　葉緑体の cpDNA とそこに存在するルビスコ大サブユニット遺伝子。葉緑体にある遺伝子は、核に存在する他の多くの遺伝子とは異なった性質を持っている。

3-3-4　実験操作

A.　ブロッコリーからの DNA 抽出

使用器具

1.5 ml チューブ、マッシャー、小型高速遠心機（eppendorf 5415D）、DNA 抽出用溶液入りチューブ、TE（Tris-EDTA）水溶液入りチューブ、エタノール入りチューブ、マイクロピペット（HTL、P200 と P1000）およびチップ、ボルテックスミキサー（Vortex-Genie 2）

試薬

・DNA抽出用溶液

　200 mM Tris-HCl（pH 7.5）

　0.5%（w/v）SDS（sodium dodecyl sulfate）

　250 mM NaCl

　25 mM EDTA（ethylenediaminetetraacetic acid）

・99.5%（w/v）エタノール

・TE水溶液

　10 mM Tris-HCl

　1 mM EDTA（ethylenediaminetetraacetic acid）（pH 8.0）

実験方法

　ブロッコリーは芽の部分から、4 粒をとって抽出に使用する。班の 4 人を 2 つに分け、それぞれの組でブロッコリーDNA を抽出する。

(1)　1.5 ml エッペンチューブに試料を入れる。
(2)　芽の部分を壁面に押し付けながら、一粒ずつマッシャーで確実にすりつぶす。
(3)　マイクロピペット（P200）を使って、DNA 抽出用溶液を 100 μl 加える。
(4)　マッシャーで再度すりつぶす（20 秒程度）。液体が飛び散るのでやさしく操作を行う。
(5)　マイクロピペット（P200）を用いて 99.5%エタノールを 100 μl 加える。
(6)　フタをして班番号とサンプル記号（A か B）を書き、ボルテックスミキサーで 10 回、計 20 秒間撹拌。
(7)　1.5 ml チューブを遠心機のところへ持っていき、13,200 rpm × 8 分間遠心分離を行う。
(8)　マイクロピペット（P200）で、上澄み部分の液体を捨てる。
(9)　マイクロピペット（P1000）で TE 水溶液を 300 μl 加える。フタをしてボルテックスミキサーで 10 秒間撹拌する。このときのチップは青い大きいサイズのものを使用する。
(10) 1.5 ml チューブを遠心機のところへ持っていき、13,200 rpm × 2 分間遠心分離を行う。
(11) DNA は上澄みに存在するので、マイクロピペット（P200）を使って上澄みの液体部分を 100 μl 程度回収し、新しい 1.5 ml チューブに入れる。フタに班番号とサンプル記号（A か B）を記入しチューブラック上へ置く。上澄み回収の際、ゴミを一緒に吸い込まないように注意する。

B.　抽出した DNA の吸光度測定

使用器具

分光光度計（Nanodrop Lite Plus）

実験方法

(1) 指示に従い、班ごとに抽出した DNA の入ったチューブを分光光度計の所へ持っていく。

(2) 技術職員が測定した試料の DNA 濃度および 260 nm 波長における吸光度、260 nm と 230 nm の吸光度の比、260 nm と 280 nm の吸光度の比をそれぞれノートに記録する。

C.　PCR による DNA 領域の増幅と電気泳動による検出

使用器具

マイクロチューブ（0.2 ml PCR チューブ、1.5 ml チューブ）、チューブラック、マイクロピペット（P20）およびチップ、サーマルサイクラー（GeneAtlas、プログラム設定と取り扱いは教員が行う）、チップ廃棄用容器

試薬

・**PCR 反応マスターミックス#A**

プライマーミックス **#A <ルビスコ遺伝子の長い領域を増幅する>**

10 μM　フォワードプライマー：　（5'-TTCCGAGTAACTCCTCAACC-3'）

10 μM　リバースプライマー：　（5'- CCTACTACTGTACCCGCGTG -3'）

上記 2 種類のプライマー混合物に、PCR 反応バッファー、dNTP ミックス、DNA ポリメラーゼ（ExTaq）を混合したもの（TAKARA ExTaq Buffer、0.4 mM dNTP、0.5 unit ExTaq）

・**PCR 反応マスターミックス#B**

プライマーミックス **#B <ルビスコ遺伝子の短い領域を増幅する>**

10 μM　フォワードプライマー：　（5'-TTCCGAGTAACTCCTCAACC-3'）*#A と同じ

10 μM　リバースプライマー：　（5'-GTAAAATCAAGTCCACCACGT-3'）

上記 2 種類のプライマー混合物に、PCR 反応バッファー、dNTP ミックス、DNA ポリメラーゼ（ExTaq）を混合したもの（TAKARA ExTaq Buffer、0.4 mM dNTP、0.5 unit ExTaq）

実験方法

DNA を抽出した際の組に分かれ、自分が抽出した DNA を鋳型として用いる。それぞれの組で、2 つのマスターミックス入りチューブに DNA を入れたのち、2 種類のサイクル数（15 回、20 回）をそれぞれのフタに書いて、PCR 反応を行う。

(1) マイクロピペット（P20）を用いて、抽出した試料の DNA を 5 μl 吸いあげ、PCR 反応マスターミックス#A（あるいは#B）にそれぞれ個別に注ぎ入れる。PCR 反応用チューブ（以下 PCR チューブと略）は通常、チューブラックに立てておく。使い終わったチップは、その都度備え付けのチップ捨てに捨てる。マジックで PCR チューブのフタに班番号および PCR のサイクル数（15 回か 20 回か）を書く。

(2) 各々の班で1名がラックごと、PCRチューブをサーマルサイクラーのある場所に運び、チューブをセットする。
(3) TAまたは教員がサーマルサイクラーを始動する。今回のPCRは95℃　1分で鋳型DNAの完全な解離を行った後、以下の条件で行う。

PCR反応のステップ

95℃　10秒
58℃　10秒
72℃　45秒

以上の3つの温度ステップを15回および20回繰り返す。

D. 電気泳動と電気泳動増の観察

使用器具

マイクロチューブ（0.2 ml PCRチューブ、1.5 mlチューブ）、チューブラック、マイクロピペット（P20）およびチップ、小型電気泳動システム（Mupid-2plus）、ゲル染色用タッパー、泳動観察用プラスチックトレイ、ゲル撮影装置（ATTO プリントグラフ）、チップ廃棄用容器

試薬

・電気泳動用DNAマーカー
1360 bp、617 bp、330 bp 3種類の長さのDNAを含む。
・電気泳動用色素溶液
PCR産物に加えることで、ゲルへのアプライ時や、泳動中にPCR産物の場所の確認が容易になる。
【組成】0.25%（w/v）ブロモフェノールブルー、0.25%（w/v）キシレンシアノール、30%（v/v）　グリセリン、1 mM EDTA
・電気泳動用ポジティブコントロール液（10 µl）
シロイヌナズナのDNAを鋳型として、それぞれのプライマーで30サイクルのPCRを行った後に両方を混合したもの。
・電気泳動用TAE緩衝溶液
【組成】40 mM　トリス - 酢酸, 1 mM EDTA
・アガロースゲル
1.5%（w/v）アガロースをTAE緩衝溶液に溶解したもの。
・エチジウムブロマイド溶液（ゲル染色用タッパーに入れてある）
最終濃度が2 µg/mlになるようにエチジウムブロマイドをTAE緩衝溶液に溶解したもの。エチジウムブロマイドは発ガン性を疑われる化学物質のため、取扱いに注意し、汚染した場合はすぐに担当教員に届け出る。「**DNAの蛍光染色**」の項を参照のこと。

実験方法

(1) PCRが終了したら、各人の分担のPCRチューブを回収する。

(2) マイクロピペット（P20）を用いて、電気泳動用色素溶液 4 μl を吸い、PCR チューブに注ぎ入れる。
(3) アガロースゲルに試料を左端から以下の順番で 10 μl ずつ添加（アプライ）する（図 6-2）。アガロースゲルのウェル（サンプルを注ぎ込む穴）は見難いので、壊したり試料をこぼさないように注意する。アプライ中に問題があれば、TA もしくは教員に申告する。

・電気泳動用 DNA マーカー
・マスターミックス#A で 15 サイクル PCR した反応液
・マスターミックス#A で 20 サイクル PCR した反応液
・マスターミックス#B で 15 サイクル PCR した反応液
・マスターミックス#B で 20 サイクル PCR した反応液
・電気泳動用ポジティブコントロール

(4) 電気泳動槽のフタをきちんとしめ、電源を ON にして泳動を開始する。感電のおそれがあるので、電気泳動中に電気泳動槽に指などを入れないこと
(5) 電気泳動用色素溶液には 2 種類の色素（キシレンシアノールとブロモフェノールブルー）が含まれている。15～20 分間かけて、2 種類の色素が十分に分離するまで泳動を行なう。
(6) 泳動が終わったら泳動槽の電源を OFF にして、ゲルをプラスチックトレイごと取り出し、タッパーのフタに載せる。そのままエチジウムブロマイド溶液の置かれた机までゲルを運ぶ。TA または教員がエチジウムブロマイド溶液へゲルを移す。
(7) 10 分間以上染色を行う。
(8) TA 又は教員がゲルを取り出し、ゲル撮影装置にセットする。エチジウムブロマイドの汚染に注意する。
(9) UV ランプを点灯すると、ゲル撮影装置の画面上に泳動パターンが映るので、これを観察する。
(10) 各人とも電気泳動像のプリントアウトを受け取る。
(11) 各々の班毎に、今回の実験課題に関して作業と議論を行う。

E. PCR 産物の分子量の推定

使用器具

プリントアウトした電気泳動像、教科書とじ込みの片対数グラフ、定規、筆記具

実験方法

(1) プリントアウトした電気泳動像のウェルの下端からゲル下端までの距離を定規で正確に測定する。
(2) 同様に、ウェル下端から 3 つの DNA マーカーのバンド下端までの移動距離を測り、上で計測した最大泳動距離に対しての比率から、相対移動度をそれぞれ求める。
(3) 片対数グラフの対数目盛軸にマーカーの塩基対数（bp）、横軸に相対移動度をそれぞれプロットし、回帰直線を引く。これを検量線と呼ぶ。
(4) 2 と同様に、大小 2 つの PCR 産物の相対移動度を計測し、その相対移動度に相当する

縦軸の値を検量線から読み取ることで、2 つの PCR 産物の塩基対数を推定する。

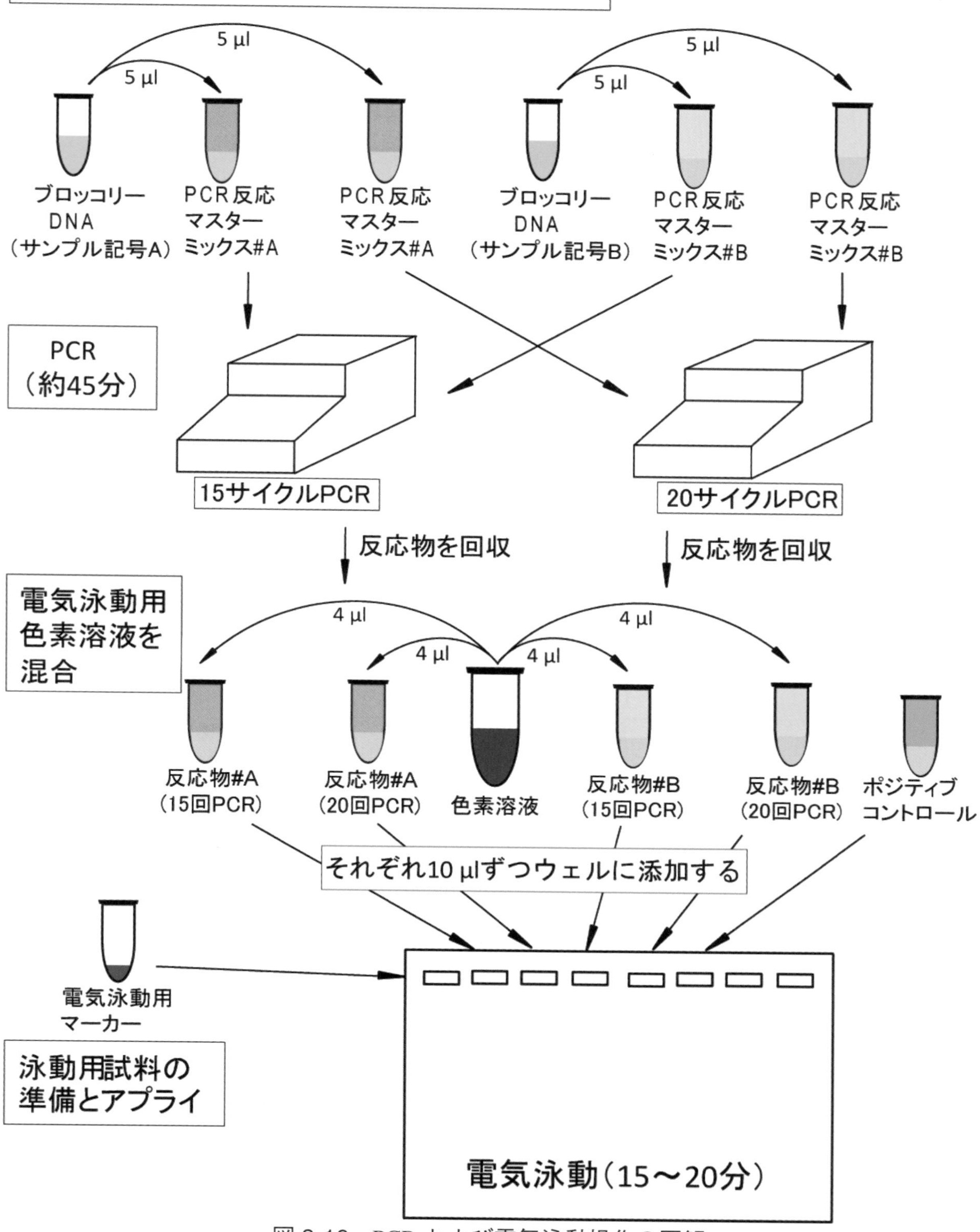

図 3-16　PCR および電気泳動操作の図解

§4．参考資料

4-1　細胞模式図（真核生物と原核生物）

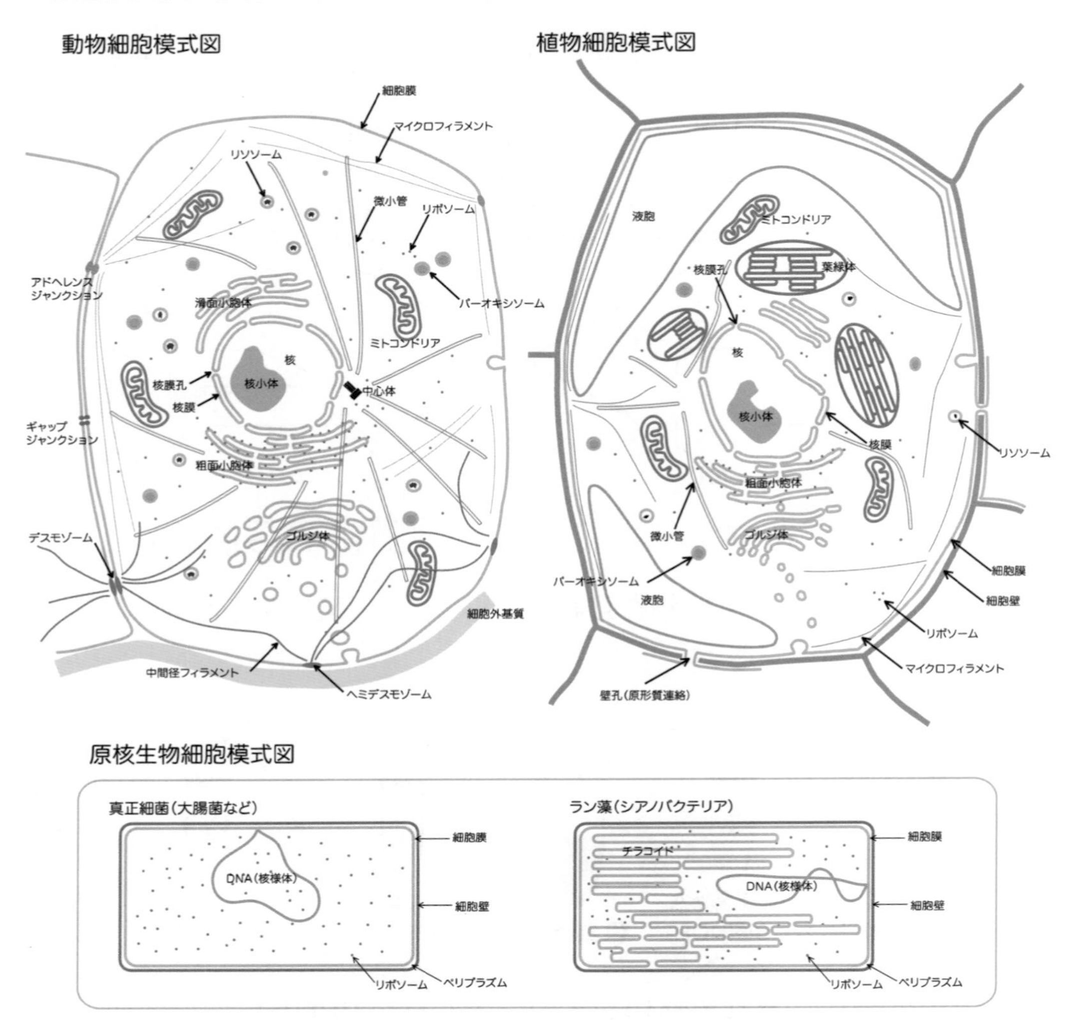

真核生物の細胞の例として、動物細胞（細胞壁を待たず、葉緑体・色素体なども持たない）と植物細胞（細胞壁を持ち、葉緑体・色素体を持つ）の模式図を挙げている。なお、残りの多細胞の真核生物である菌類の細胞は、細胞壁を持つが、葉緑体・色素体は持たないという特徴がある。

原核生物の細胞の例としては、真正細菌と真正細菌のうち光合成をするようになったラン藻（シアノバクテリア）の模式図を挙げている。図にあるように、原核細胞は核膜に覆われた核を持たないことがその特徴であり、ミトコンドリアや葉緑体・色素体などの細胞内小器官ももたない。

4-2　アミノ酸の構造式

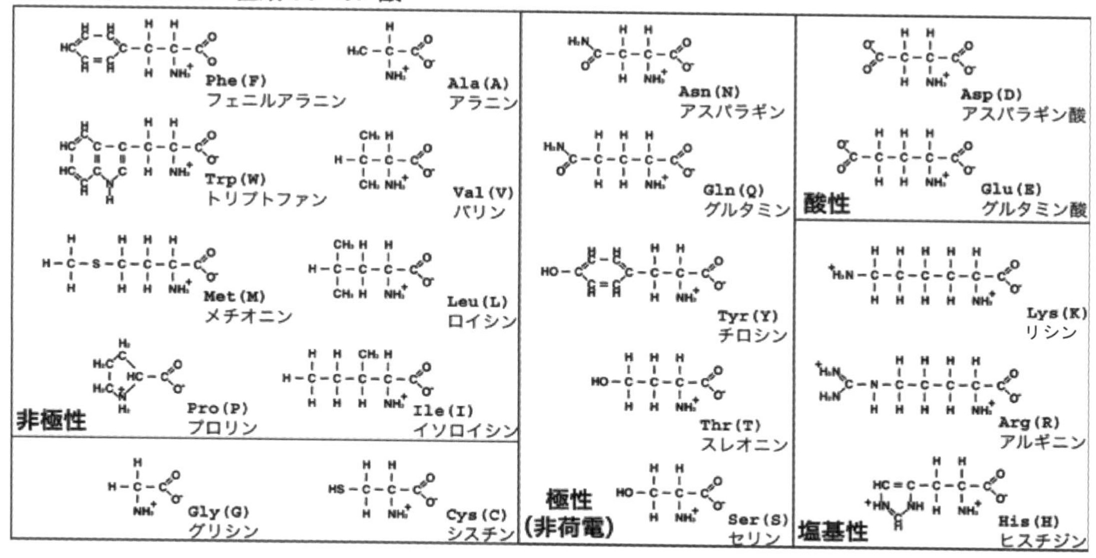

側鎖の特徴（極性の有無、荷電の種類など）によって分類してある。

4-3　コドン表

真核生物における **mRNA** の 3 塩基配列（コドン）に対応するアミノ酸

第１塩基	第２塩基 U	第２塩基 C	第２塩基 A	第２塩基 G	第３塩基
U	Phe	Ser	Tyr	Cys	U
	Phe	Ser	Tyr	Cys	C
	Leu	Ser	*	*	A
	Leu	Ser	*	Trp	G
C	Leu	Pro	His	Arg	U
	Leu	Pro	His	Arg	C
	Leu	Pro	Gln	Arg	A
	Leu	Pro	Gln	Arg	G
A	Ile	Thr	Asn	Ser	U
	Ile	Thr	Asn	Ser	C
	Ile	Thr	Lys	Arg	A
	Met	Thr	Lys	Arg	G
G	Val	Ala	Asp	Gly	U
	Val	Ala	Asp	Gly	C
	Val	Ala	Glu	Gly	A
	Val	Ala	Glu	Gly	G

＊は終止コドン。対応するアミノ酸がなく、そこには解離因子（RF1、タンパク質）が結合して合成が終わったポリペプチド（タンパク質）をリボソームから解離させる。

九州大学基幹教育院 自然科学総合実験 2024 年度教科書編集委員氏名

しぜんかがくそうごうじっけん
自然科学総合実験

2006 年 9 月 10 日　第 1 版　第 1 刷　発行
2016 年 9 月 10 日　第 1 版　第 11 刷　発行
2017 年 3 月 20 日　第 2 版　第 1 刷　発行
2023 年 3 月 20 日　第 2 版　第 8 刷　発行
2024 年 3 月 10 日　第 3 版　第 1 刷　印刷
2024 年 3 月 20 日　第 3 版　第 1 刷　発行

編　者　九州大学基幹教育院

発行者　発田和子

発行所　株式会社　学術図書出版社

〒113－0033　東京都文京区本郷 5 丁目 4－6
TEL 03－3811－0889　振替 00110－4－28454
印刷　三松堂（株）

定価は表紙に表示してあります．

ISBN978-4-7806-1199-1　C3040

自然科学総合実験（生物科学）　グラフ・レポート用紙

テーマ		
提出日付	年　　月　　日（　　）曜日	
学生番号：		氏名：

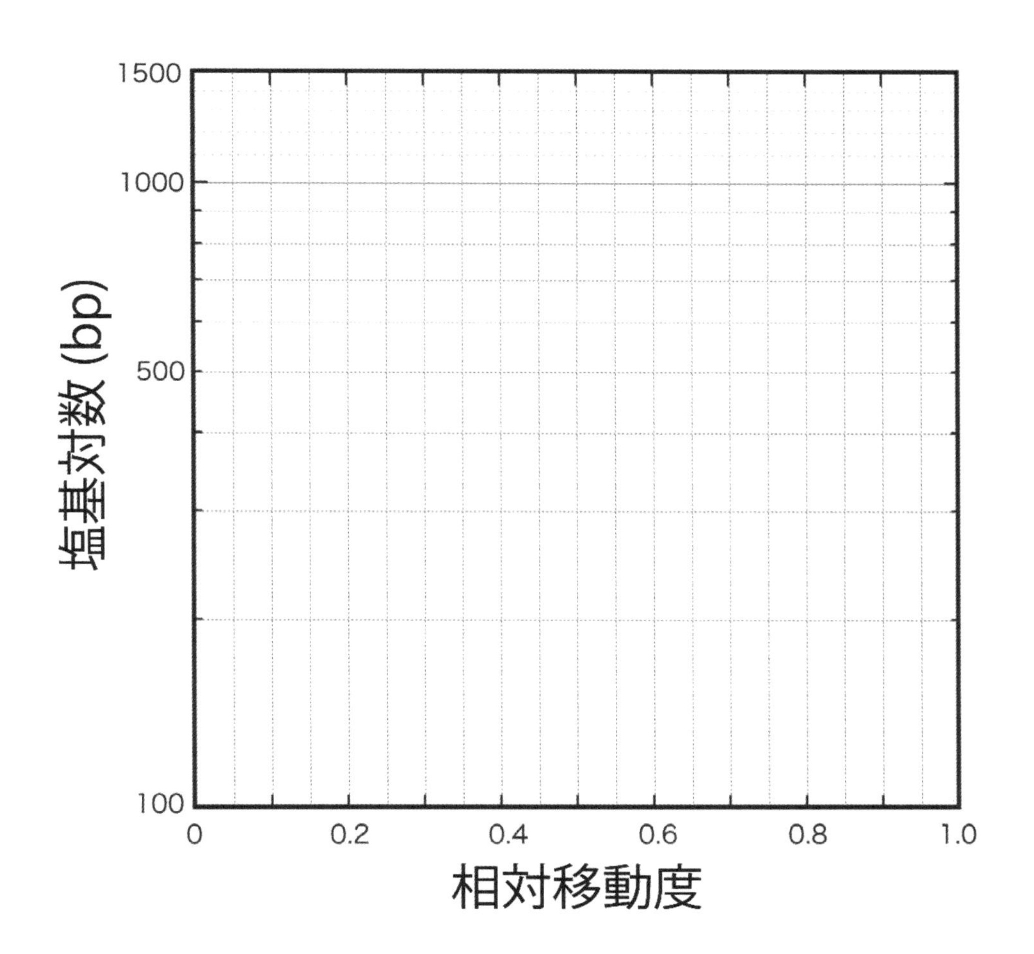

曜日	月　火　水　木　金	時間帯	午前　・　午後
学科		学年	
学生番号		氏　名	

物理学実験

1mm/目

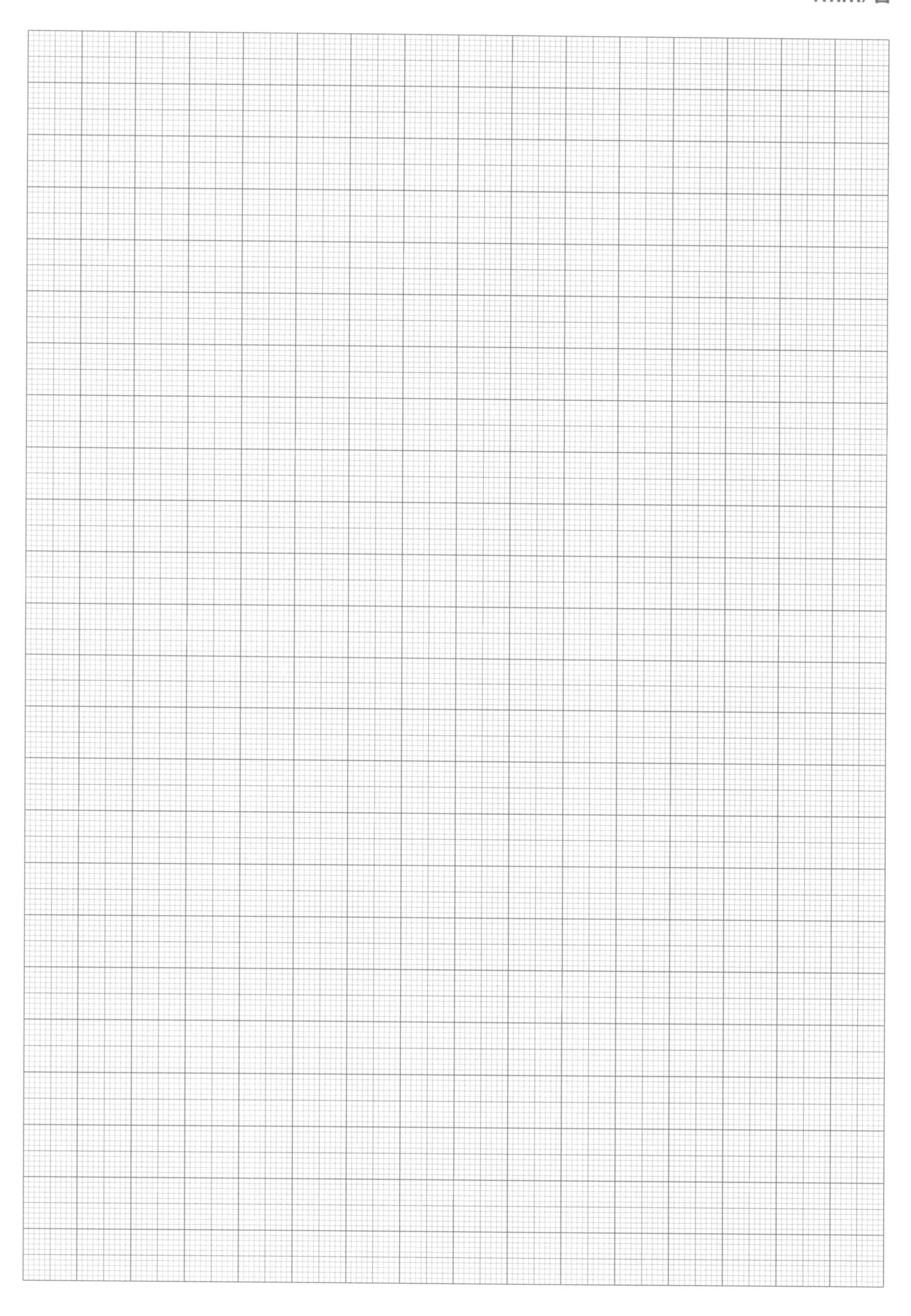

物理学実験

1mm/目

物理学実験

1mm/目

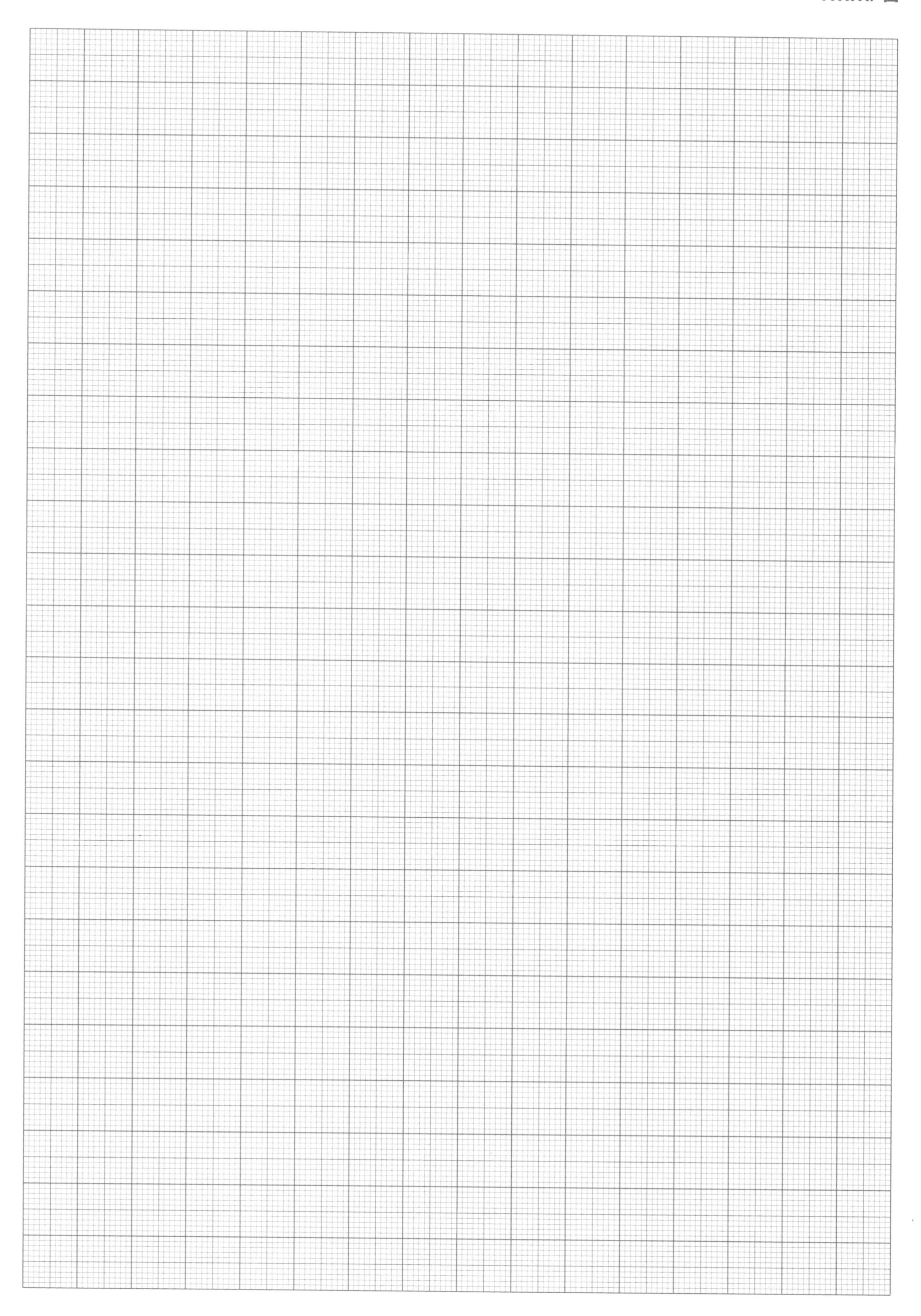

物理学実験

1mm/目

自然科学総合実験（生物科学）スケッチ・レポート用紙

<table>
<tr><td>テーマ</td><td colspan="3"></td></tr>
<tr><td>提出日付</td><td colspan="3">年　　月　　日（　　）曜日</td></tr>
<tr><td colspan="2">実験台番号：</td><td>学生番号：</td><td>氏名：</td></tr>
</table>

自然科学総合実験（生物科学）スケッチ・レポート用紙

<table>
<tr><td>テーマ</td><td colspan="2"></td></tr>
<tr><td>提出日付</td><td colspan="2">年　　月　　日（　　）曜日</td></tr>
<tr><td>実験台番号：</td><td>学生番号：</td><td>氏名：</td></tr>
</table>